户型改造解剖书

杨全民 著

江苏凤凰美术出版社

目录 contents

Chapter 1 不良户型格局解剖

学会识图 轻松应对

Chapter 2 因改造而幸福的家

十个家庭 改造秘诀

Chapter 3 幸福户型的秘诀

不同空间设计要点

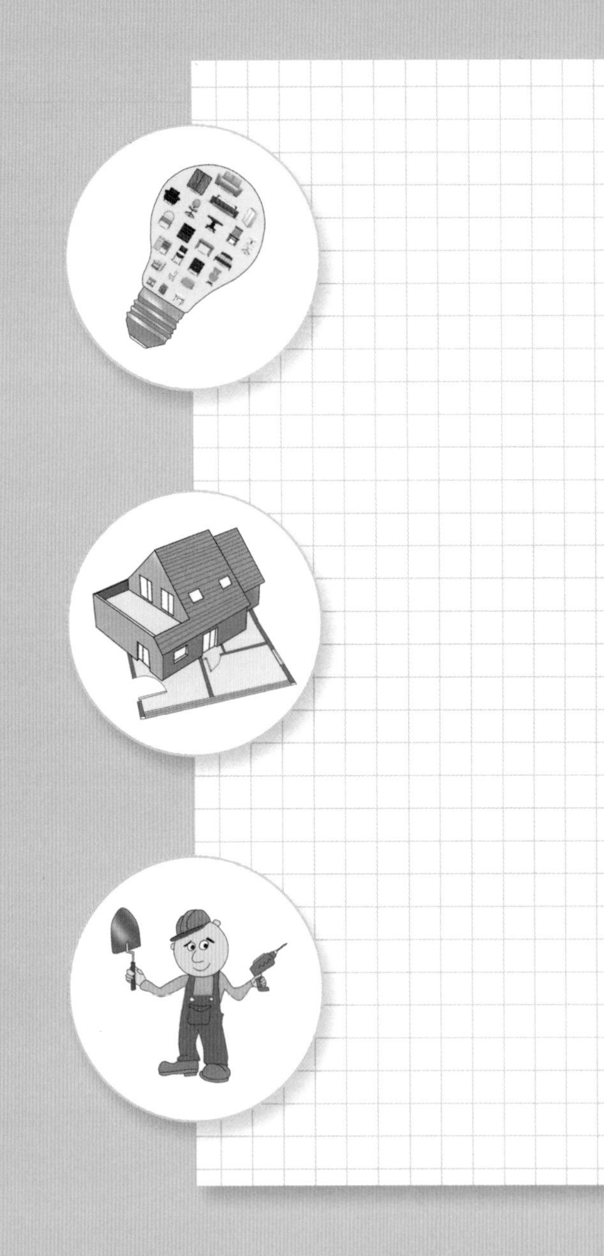

Chapter1

不良户型格局解剖

学会识图
轻松应对

建筑平面图是建筑施工图的基本图样，
反映房屋的平面形状，
空间的尺寸和功能布置，墙、柱的位置，
门窗的类型和位置，
地面使用材料等。
每个物体都有专门的图形符号，
我们只有理解并掌握这些平面图纸的图形符号，
才能读懂设计，
更好地进行思考与沟通。

一分钟看懂平面图

看懂平面图符号

看懂平面布局图

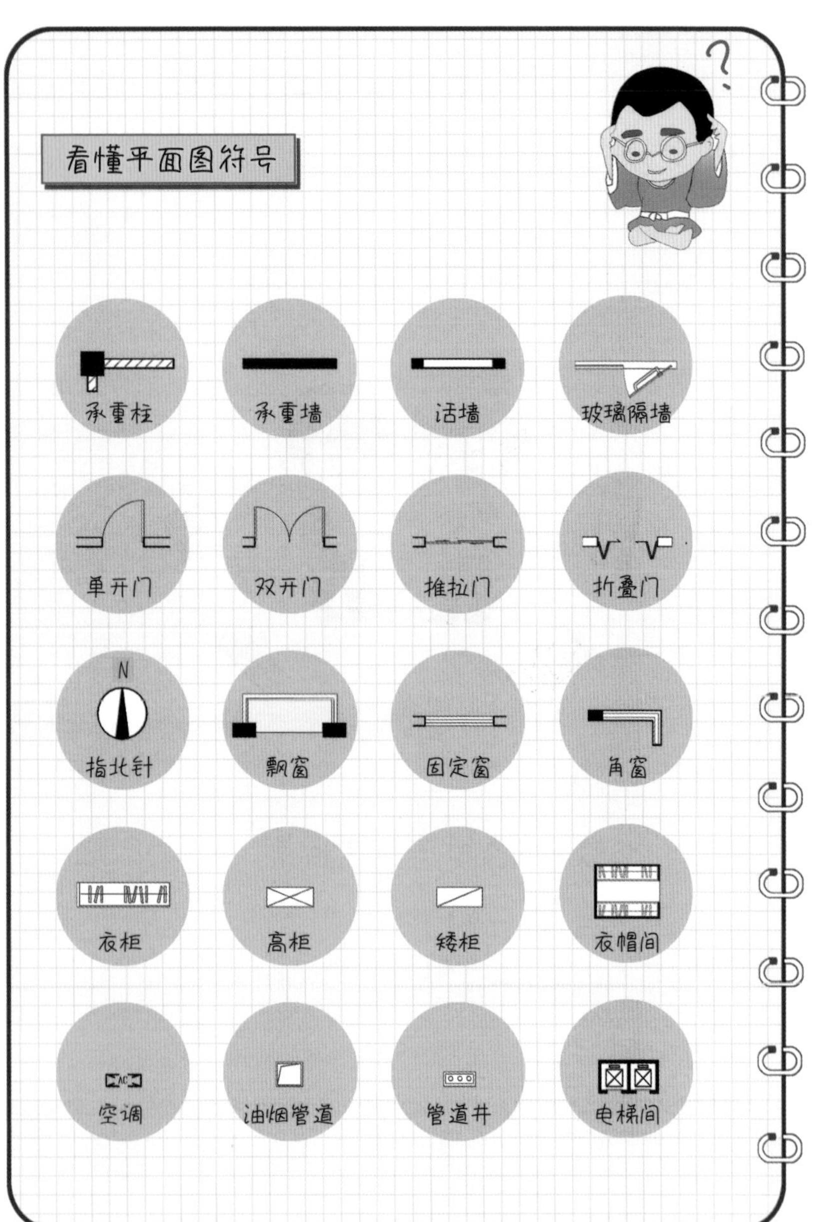
看懂平面图符号
承重柱
承重墙
活墙
玻璃隔墙
单开门
双开门
推拉门
折叠门
N
指北针
飘窗
固定窗
角窗
衣柜
高柜
矮柜
衣帽间
AC
空调
油烟管道
管道井
电梯间

看懂平面布局图

平面布局图可以清晰地体现空间的形状、尺寸、功能分区、动线组织、通风采光、收纳系统等，是空间改造的重要依据。

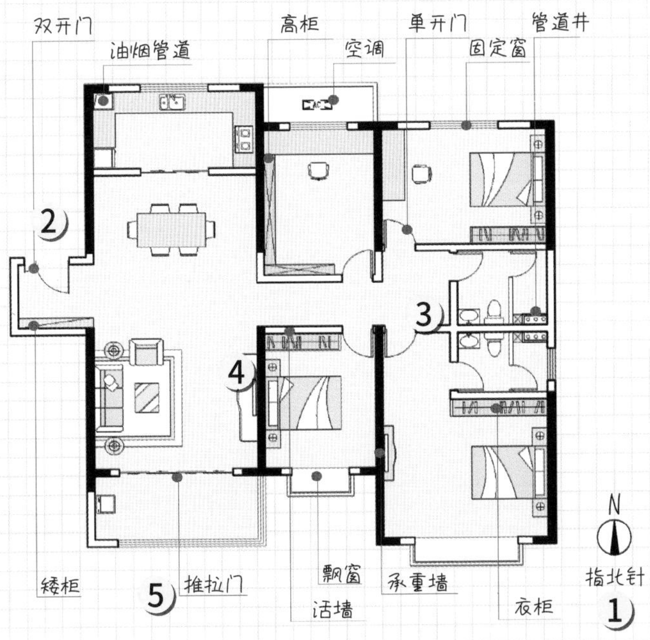

1. 通过指北针确定整个房屋的方位及朝向，此户型坐北朝南。
2. 确定入户门的位置，确定不同区域在整个空间中的位置。
3. 了解不同房间之间的关系。
4. 观察空间区域之间的比例。
5. 根据标注的引线文字，阅读设计说明，了解各设计区域的功能。

不要等到入住后才发现房子布局存在问题，
在选择户型的过程中就应该尽可能地避免这些问题。
购置房产是人生中的大事，
应先了解选择户型的一些重要法则，
再结合自身具体情况来购买。
没有完美的户型，
适合自己居住的就是好房子。

选择户型那些事儿

户型方正	功能齐全	采光良好
通风良好	动静分区	私密性佳
动线流畅	污洁分离	尺寸适中

户型方正是指整个户型的格局规整、布局紧凑，轮廓线大体呈方形。

户型方正的优点有：

1. 空间使用率高

同样面积的户型，方正的空间能够提高空间的使用率，而不方正的空间存在一些小角落难以利用，使用效果不佳。

2. 通透性良好

方正的户型有良好的进深开间比，通透性良好。

判断一个户型是否方正，主要看三点。

1. 看整体轮廓是否为方形

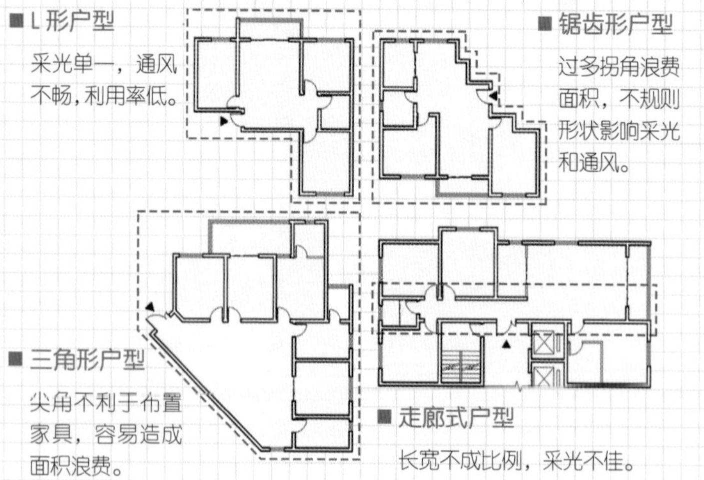

■ L 形户型

采光单一，通风不畅，利用率低。

■ 锯齿形户型

过多拐角浪费面积，不规则形状影响采光和通风。

■ 三角形户型

尖角不利于布置家具，容易造成面积浪费。

■ 走廊式户型

长宽不成比例，采光不佳。

2. 看户型内各个空间是否方正

"伪"方正户型

尽管该户型整体轮廓为方形，但各个房间存在许多难以利用的小角落，这种户型就是"伪"方正户型，在选择户型时应加以注意。

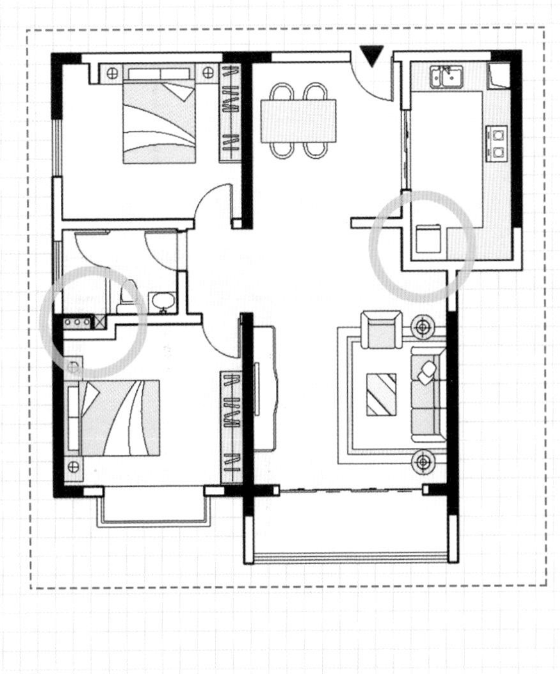

3. 看户型的进深与开间之比是否在 1~1.5 之间

一般进深与开间之比介于 1~1.5 之间较好。进深过大，开间过小的空间采光通风效果较差；而进深偏小，开间过大的空间则不利于房间保温，浪费能源，北方尤其如此。方正的户型能做到采光、通风与保温之间的平衡。

长方形户型

该户型的整体轮廓为长方形，进深为 11.5m，开间为 6.25m，进深与开间之比为 1.84，远大于 1.5。

房间进深过长户型

虽然整体户型比较方正，但是从单个房间来看，餐厅依赖客厅的采光，而客厅与餐厅形成的空间进深和开间的比值为 8170 ：3400 ≈ 2.4，造成餐厅采光差，因此该户型不算方正户型。

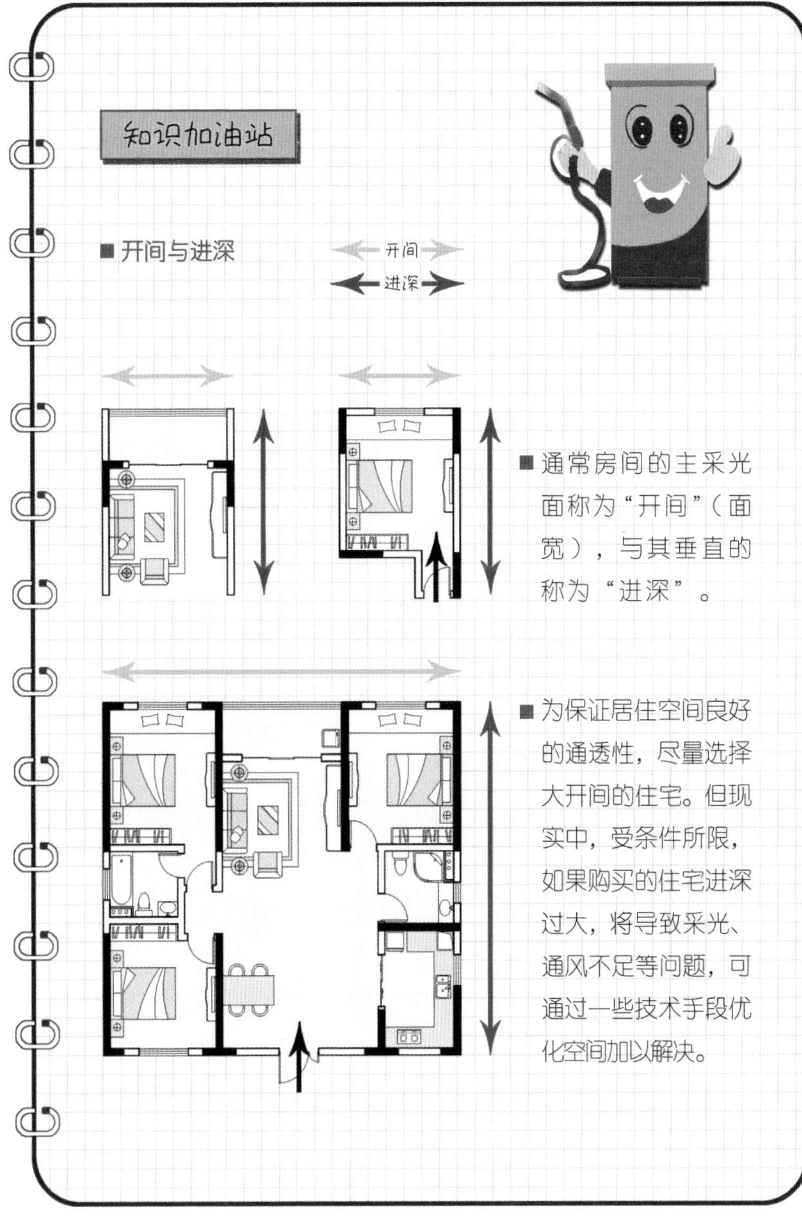

知识加油站

■ 开间与进深

■ 通常房间的主采光面称为“开间”（面宽），与其垂直的称为“进深”。

■ 为保证居住空间良好的通透性，尽量选择大开间的住宅。但现实中，受条件所限，如果购买的住宅进深过大，将导致采光、通风不足等问题，可通过一些技术手段优化空间加以解决。

方正户型

该户型整体轮廓呈方形，各个房间也为方形，不存在难以利用的小角落。且各个主要房间的开间与进深比均小于 1.5，能够平衡采光、通风与保温效果，符合方正户型的标准。

	房间	开间与进深比
1	客厅	5000:3900 ≈ 1.28
2	餐厅	3300:3300 = 1
3	次卧 1	4800:3300 ≈ 1.45
4	次卧 2	3600:3300 ≈ 1.09
5	主卧	4800:3300 ≈ 1.45

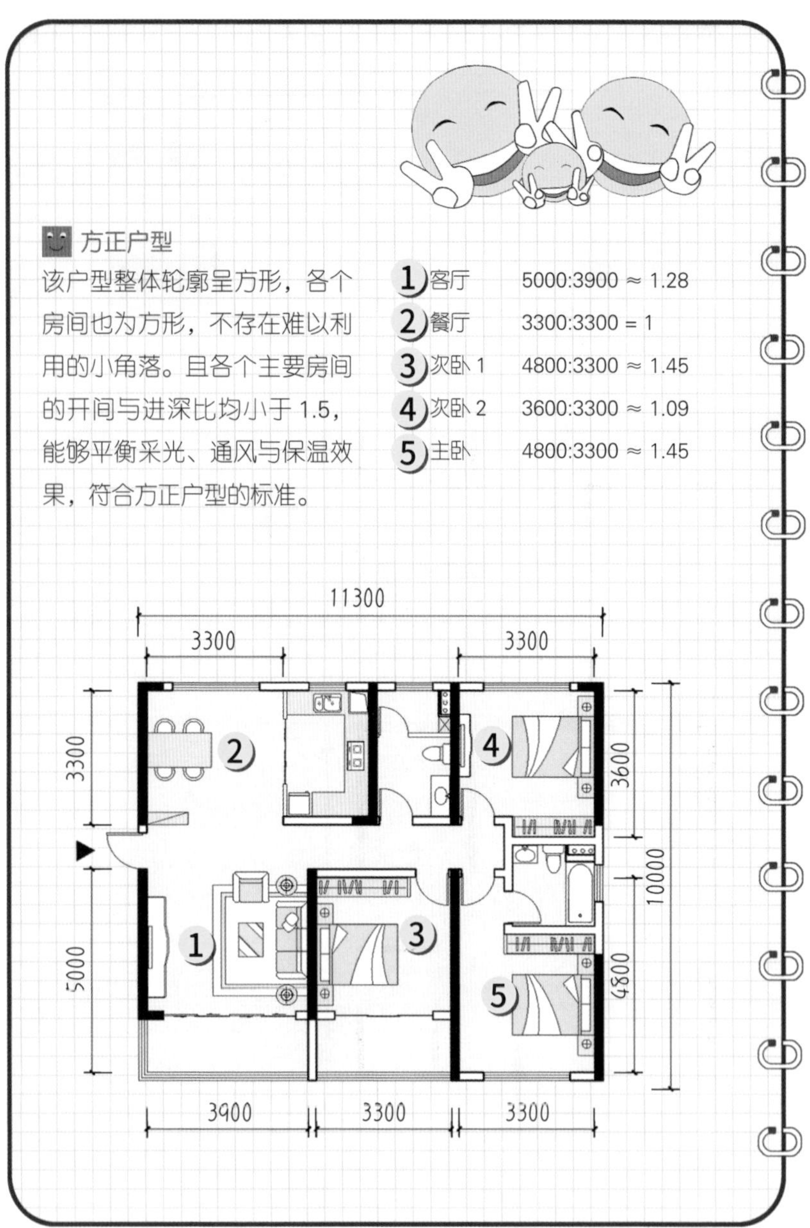

功能齐全户型

一个功能齐全的户型应有客厅、餐厅、厨房、书房、主卧、次卧、主卫、客卫、阳台。其中，厨房应有足够的空间能够设置为封闭式厨房，阳台最好有两个。入户处需有放置鞋柜的位置，最好设置玄关。若有独立的衣帽间或储藏间，则更胜一筹。

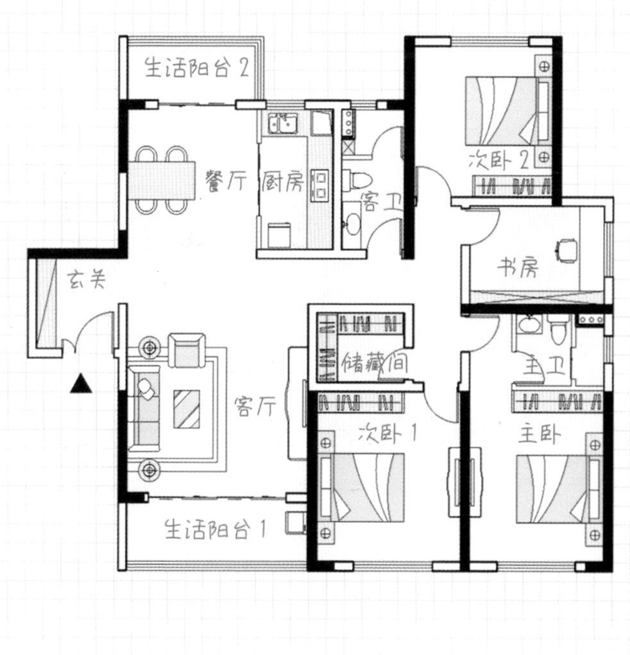

采光良好

在户型方正的基础上，判断一个户型采光是否良好，主要看两点。

1. 看是否为全明房屋

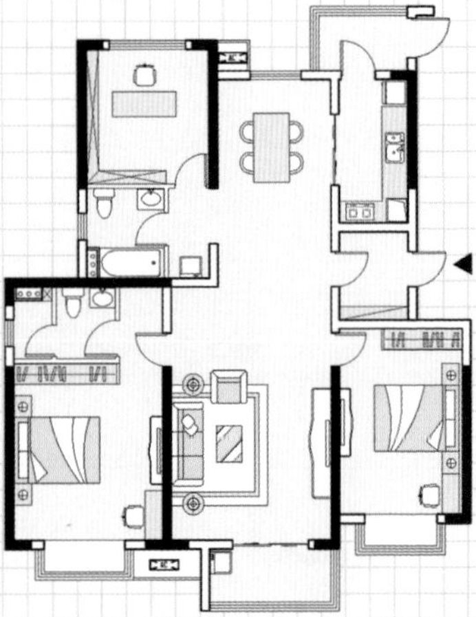

全明房屋

全明房屋即各个功能分区（除储藏间外），如卧室、客厅、厨房、卫生间均有窗户，均可以自然采光。若有使用空间不能直接对室外开门窗，或即使能够对室外开窗，但因楼间距不够大而使重要使用空间采光不足，均为采光欠佳的户型。

处于凹槽内的户型

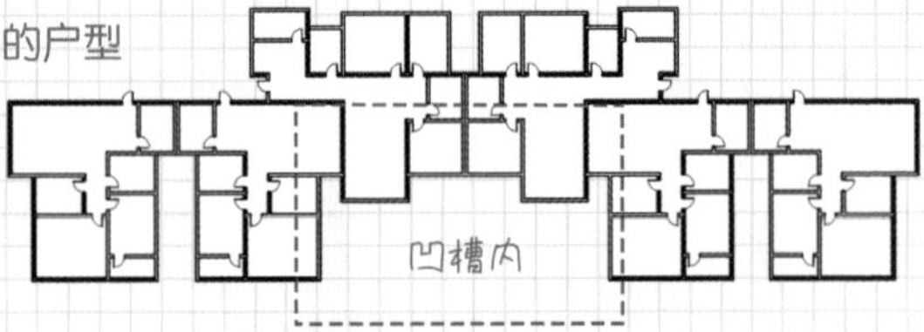

凹槽内

选择户型时要看楼层平面图，若所处位置在楼层平面的凹槽内，则该户型对室外开窗处会受到建筑遮挡，为采光欠佳的户型。

2. 看重要空间的朝向是否朝南

下午采光好 冬季光线不足（西北）

采光最差 夏凉冬冷（北）

采光相对差 冬季光线不足（东北）

西晒过强 夏季炎热（西）

上午采光好 通风性较差（东）

下午采光好 有西晒困扰（西南）

阳光充足 冬暖夏凉（南）

采光相对好 通风略不足（东南）

北 西北 东北 西 东 西南 南 东南

采光良好户型

东：主卫朝东开窗，上午采光好，光线柔和。

南：本户型重要的使用空间（客厅、主卧、次卧 1）朝南开窗，采光效果最佳。

西：本户型朝西方向均不开窗，可以避免西晒。

北：餐厅、厨房、客卫、次卧 2 朝北开窗，采光相对差，但较为阴凉。

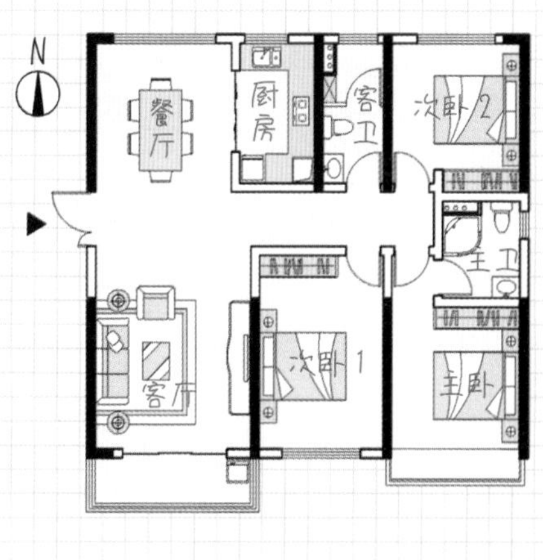

通风良好

在户型方正、采光良好（全明房屋，无暗厨、暗卫）的基础上，判断一个户型通风是否良好，主要看两点。

1. 是否对侧通风

对侧通风的通风性最佳（如南北、东西）。

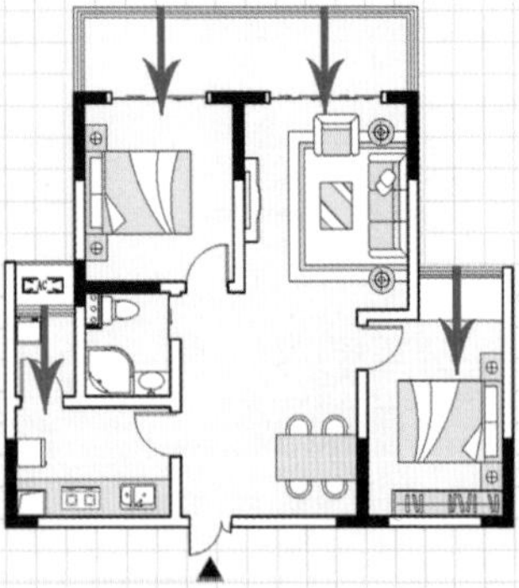

单侧通风

户型最好有两侧通风，单侧通风效果最差。

相邻侧通风

通风效果次佳是相邻侧通风（如东和南、南和西、西和北等）。

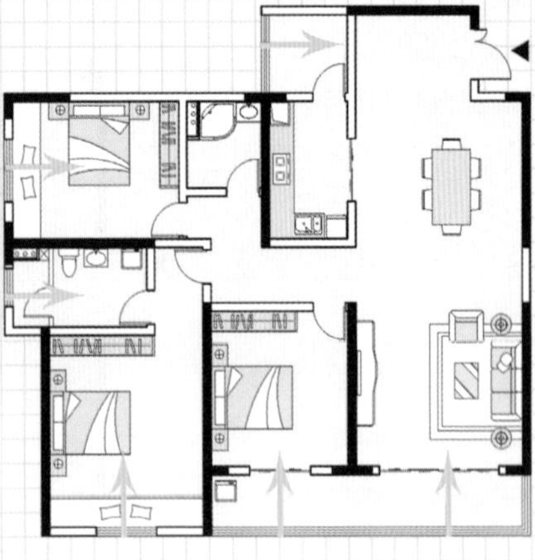

2. 窗户之间是否能够形成对流

并非南北都有窗就叫南北通透，要看窗户之间是否能够形成对流。

通风良好户型

- 客厅和餐厅相连，客厅直通南向阳台，餐厅直通北向窗户，中间无遮挡，风可穿堂而过，形成南北方向对流。
- 房间分处南北，房门对房门开敞，通风顺畅。
- 室内各个房间的比例普遍为短进深、大开间。

动静分区

动区：客厅、餐厅、厨房、客卫等。

静区：卧室、书房、主卫等。

判断一个户型动静分区是否合理，主要看三点。

1. 动区是否靠近入户门位置

动区是活动较为频繁的区域，应该靠近入户门设置，尤其是厨房。

动静分区不合理户型 动区 静区

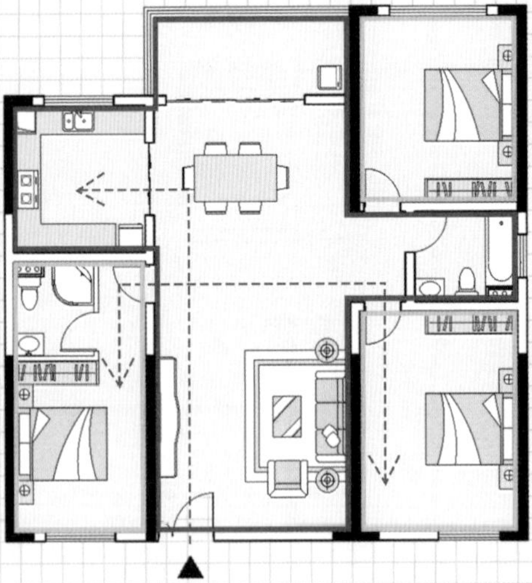

- 餐厨没有布置在入户门附近。
- 次卧距入户门较近，客厅活动对次卧影响大。
- 从一个卧室到另一个卧室需要穿过一个公共空间（客厅）。

2. 静区是否布置在户型内侧

静区主要供居住者休息，相对比较安静，应当尽量布置在户型内侧。动静分离，一方面使会客、娱乐或者进行家务劳动的人能够放心活动；另一方面也不会过多打扰休息、学习的人，减少相互之间的干扰。

3. 从一个静区到另一个静区是否需要穿过一个动区

动静分区合理户型　　动区　　静区

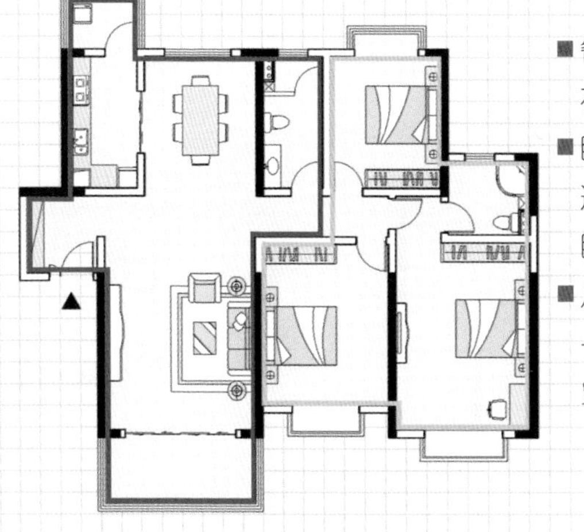

- 餐厅和厨房布置在入户门附近。
- 卧室距入户门较远，客厅活动对卧室影响不大。
- 从一个卧室到另一个卧室不需要穿过公共空间。

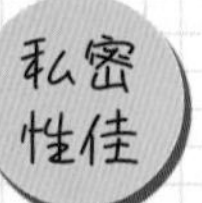

户型具有私密性的要求，能够适当保护居住者隐私。

在动静分区合理的基础上，判断一个户型私密性是否良好，主要看两点。

1. 入户玄关是否有遮挡

避免在入户门外对屋内一览无余。

2. 私密空间开门是否朝向公共空间

私密空间如卧室、卫生间等开门如果直接朝向客厅、餐厅、入户门等公共空间，私密性就会比较差。

私密性欠佳户型

该户型动静分区合理，但从入户门外面可以直接看到公卫。

私密性欠佳户型

该户型动静分区合理，但从入户门外面可以直接看到餐厅。

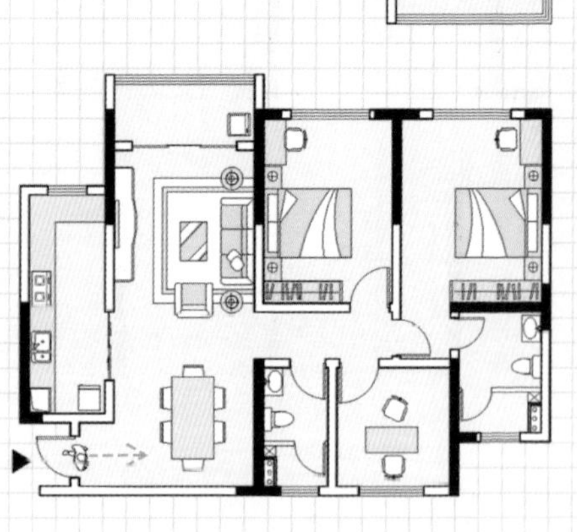

卧室的平面布置也应具有私密性，避免视线干扰。床不宜紧靠外窗或正对卫生间门，无法避免时应采取装饰遮挡措施。

私密性良好户型

- 入户有独立玄关遮挡视线。
- 卧室开门不朝向公共空间。
- 入户到客卫无须经过卧室。

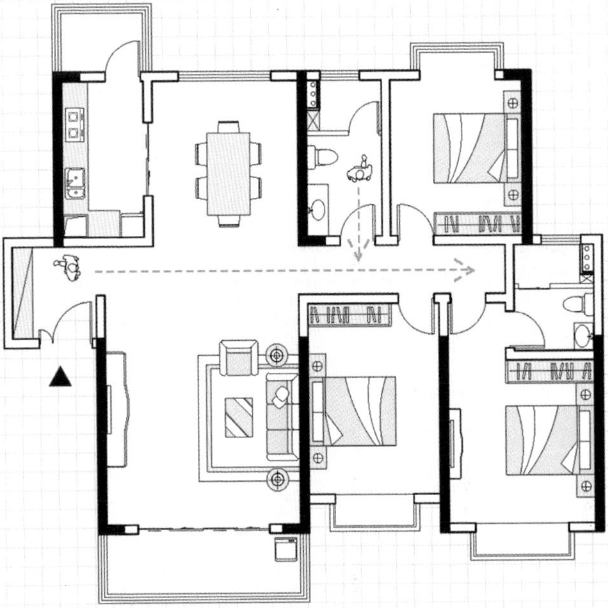

动线是指人们在户内活动的路线。户型的设计影响到动线的走向，而动线的走向会影响到居住的品质。好的动线能够提升小户型利用率，而差的动线会使大户型变得“大而无当”，浪费空间。

判断一个户型动线是否合理，主要看：

访客动线、家务动线、生活动线三条线会不会交叉

访客动线主要涉及的区域有客厅、餐厅和公共卫生间。家务动线主要涉及的区域有厨房以及卫生间、阳台等场所。生活动线主要涉及的区域有卧室和书房。

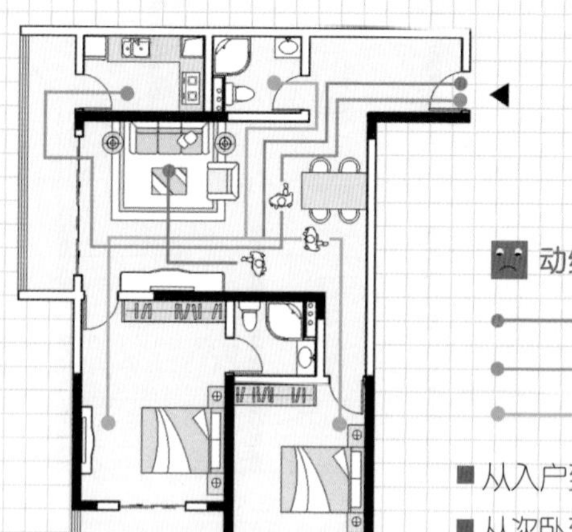

动线极差户型

- 访客动线
- 家务动线
- 生活动线

- 从入户到厨房要穿过客厅。
- 从次卧到主卧要穿过客厅。
- 卫生间离各个房间很远。

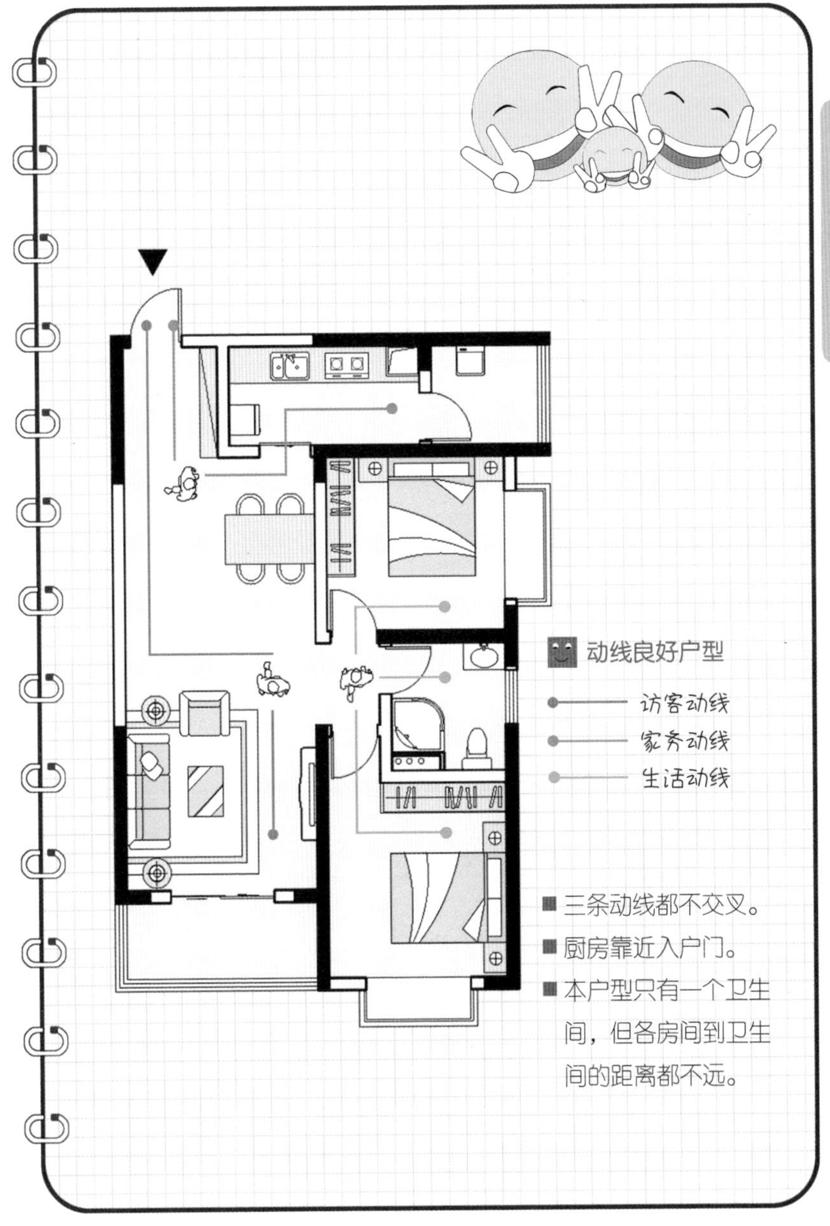

- 三条动线都不交叉。
- 厨房靠近入户门。
- 本户型只有一个卫生间，但各房间到卫生间的距离都不远。

污洁分离

污洁分离是指厨房、卫生间（公卫）这两个湿气较重且较容易产生脏污的房间应与精心装修的怕水怕脏的客厅、卧室等空间尽量分离。判断一个户型污洁是否分离，主要看三点。

1. 厨房的布置是否靠近入户门，远离卧室、客厅

厨房是家居生活中最主要的污染源，噪声、油烟、油污、污水等集中于此，因此厨房的布置要尽可能地靠近入户门，远离卧室、客厅。

2. 厨房是否与一个卫生间相邻

厨房与卫生间是住宅中水管的集中地，从施工成本、能源利用、热水器安装等角度考虑，厨房应与一个卫生间相邻。

3. 主卧的卫生间开门是否朝向通道

卫生间湿气较重，主卧的卫生间开门方向应朝向通道，不能朝向床位。

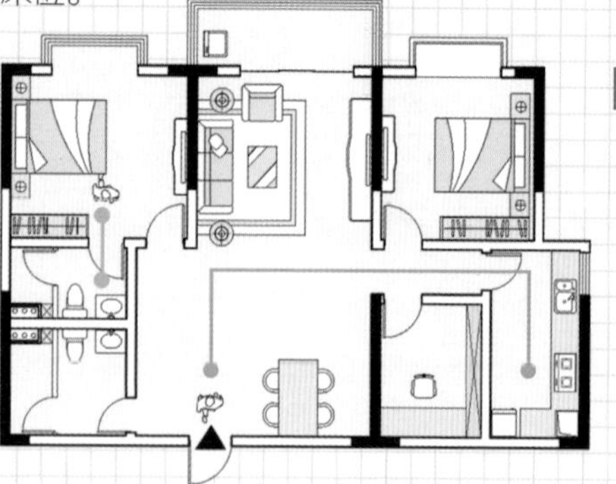

污洁分离极差户型

- 厨房布置在户型深处且靠近卧室。
- 主卧的卫生间开门方向对着床位。

污洁分离良好户型

- 厨房布置在入户门附近，且与卫生间相邻。
- 卫生间淋浴与坐便区、面盆区干湿分离。

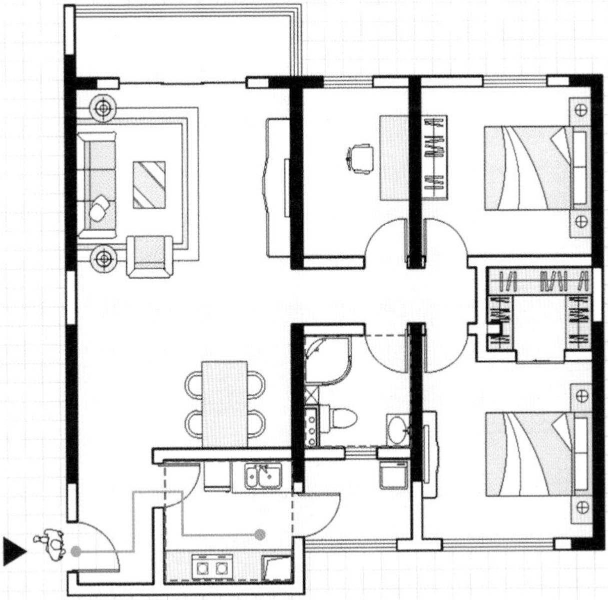

尺寸适中

客厅与阳台尺寸

- 客厅：三室及以上户型客厅净面宽应为 3.6m~4.8m，两室及以下户型客厅净面宽应为 3.3m~4.5m。主要通道的净宽不宜小于 900mm。
- 阳台：通常出挑 1.5m~1.8m。
- 玄关：通道净宽不宜小于 1.2m。

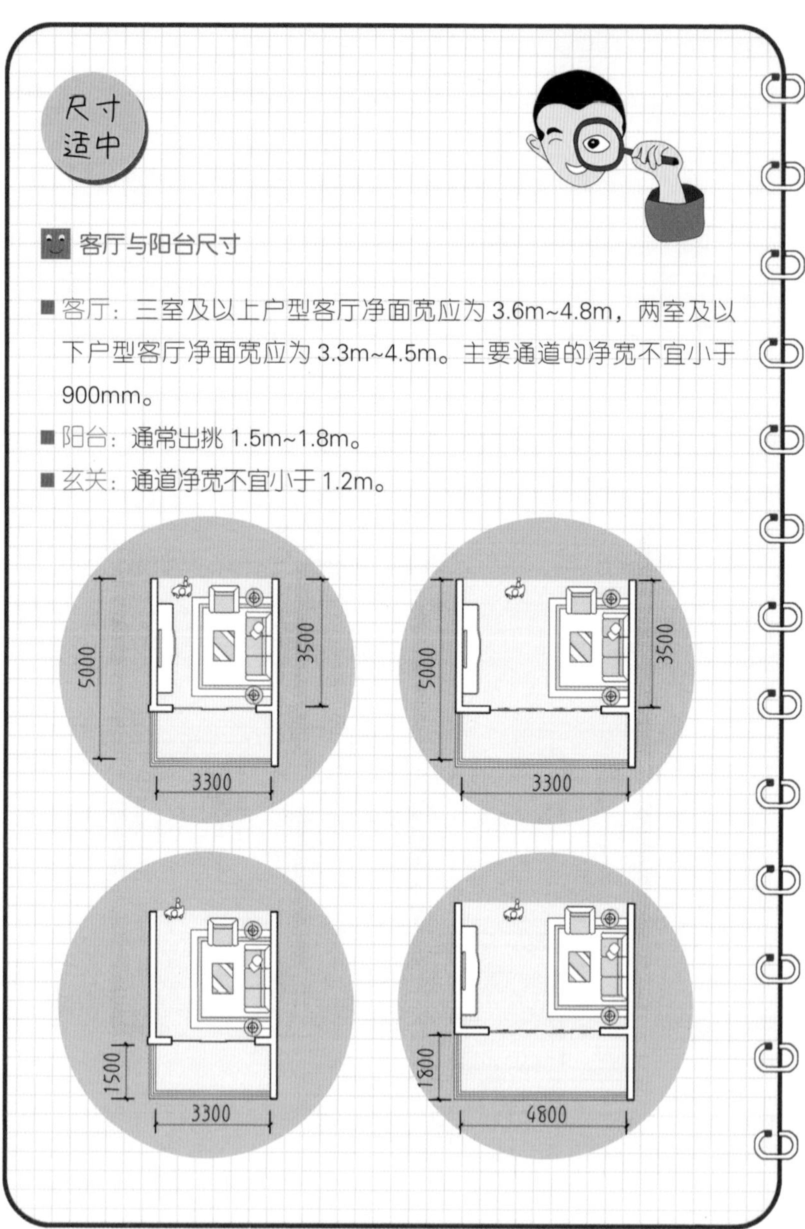

餐厅与厨房尺寸

■ 餐厅：包含走道的餐厅净宽应不小于 2.8m，通往厨房和其他空间的通道净宽不宜小于900mm。不含走道的餐厅净宽应不小于2.1m。

■ 厨房：封闭式厨房净宽应不小于 1.8m，净长不宜小于 2.1m，净面积应不小于 $4m^2$。

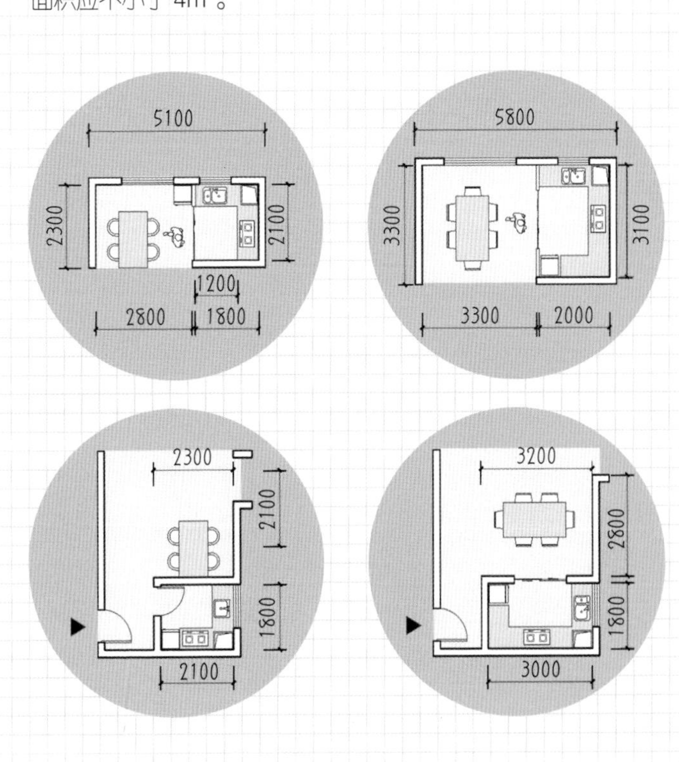

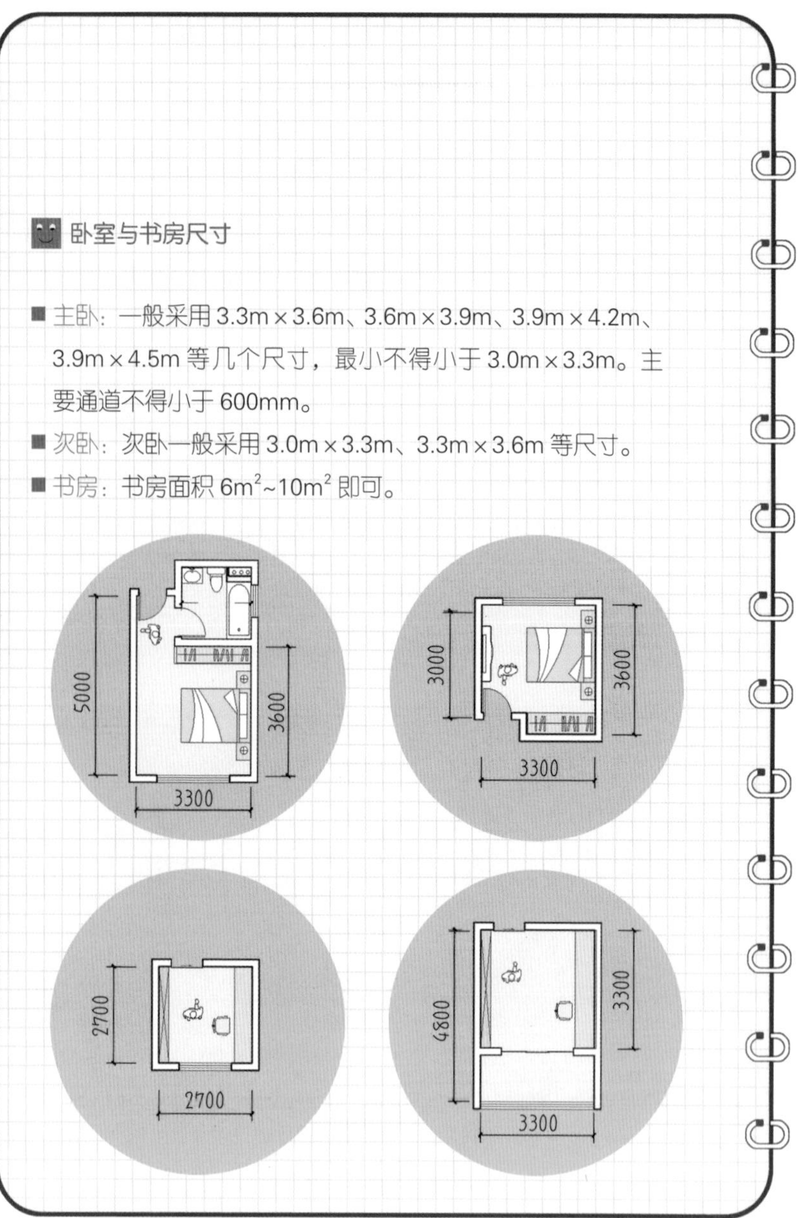

卧室与书房尺寸

- 主卧：一般采用3.3m×3.6m、3.6m×3.9m、3.9m×4.2m、3.9m×4.5m等几个尺寸，最小不得小于3.0m×3.3m。主要通道不得小于600mm。
- 次卧：次卧一般采用3.0m×3.3m、3.3m×3.6m等尺寸。
- 书房：书房面积6m²~10m²即可。

5000
3600
3300
3000
3600
3300
2700
2700
4800
3300
3300
不良户型格局解剖

卫生间与过道尺寸

- 卫生间：卫生间的面积一般在 4m² 左右，尺寸多为 2m×2m、1.8m×2.2m。当卫生间净长度不小于 2.6m 时，净宽度应大于 1.5m，当卫生间净长度小于 2.6m 时，净宽度应大于 1.8m。
- 过道：通常在 1m~1.2m。

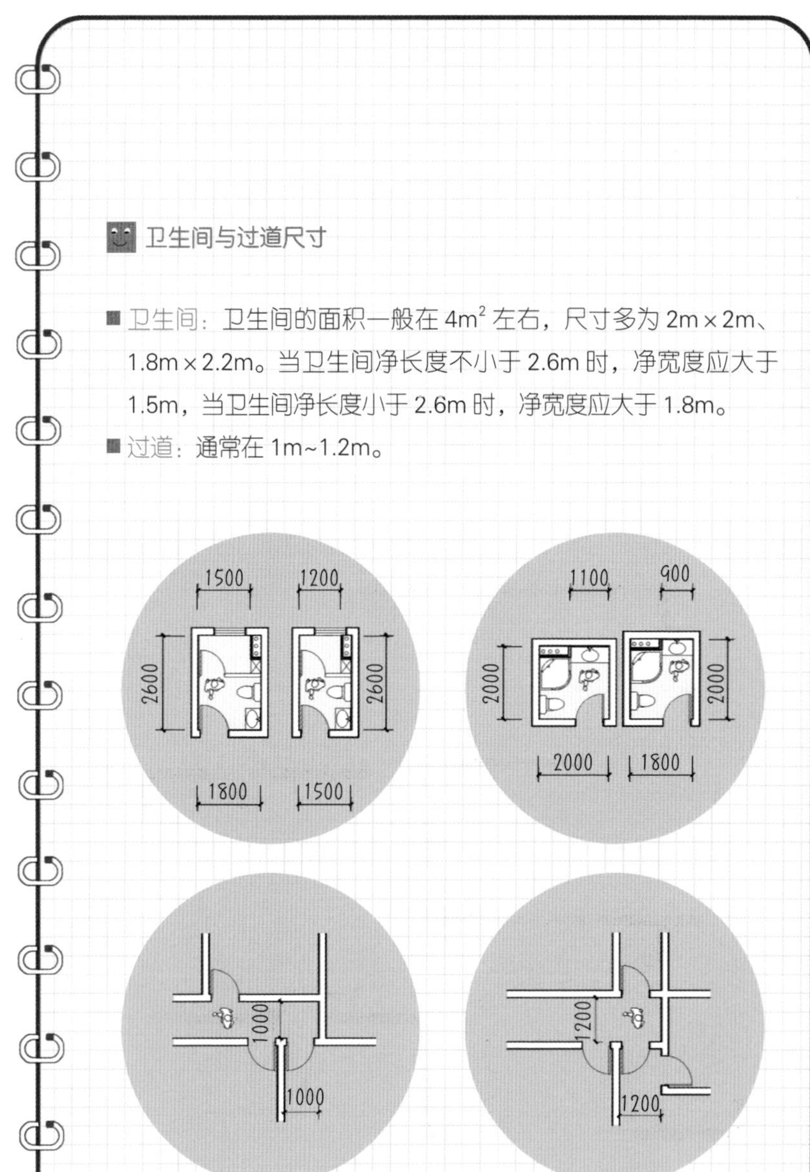

厨卫家具尺寸

- 厨房：单排布置设备的地柜前宜留有不小于 1.5m 的活动距离，双排布置设备的地柜之间净距不应小于 900mm。洗涤池与灶具之间的操作距离不宜小于 600mm。
- 坐便器：左右空间不宜小于 250mm，前方空间不宜小于 500mm。
- 淋浴间：门洞净宽不宜小于 600mm，四周距离不宜小于 800mm。

尺寸合理户型

住宅开间常采用下列参数：

2.1m、2.4m、2.7m、3.0m、3.3m、3.6m、3.9m、4.2m。

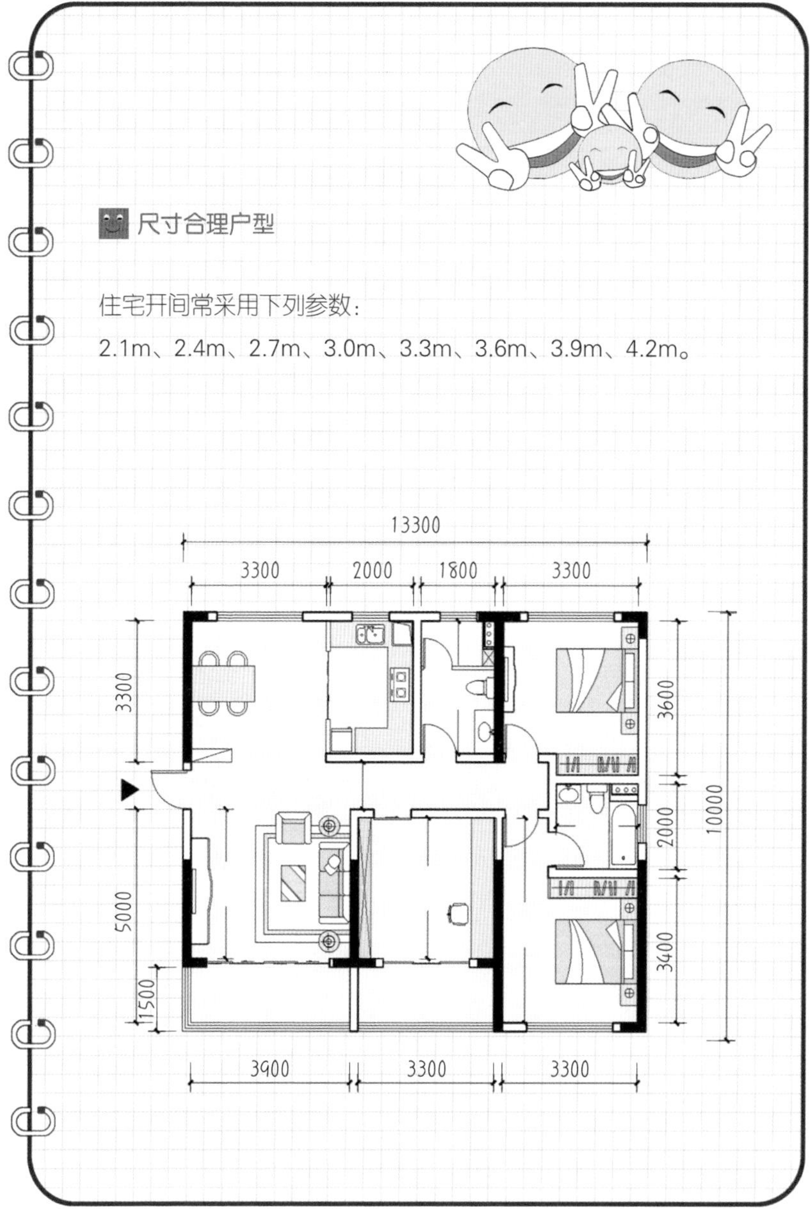

住宅设计及装修这件事情，
具有非常强的地域性和时效性，
不同的国家和地区都有各自不同的相应的法规、规范。
我们在进行房屋格局改造时，
应遵守相关的规范，
在相关法律规定范围内进行设计及施工，
以消除安全隐患。

改动格局注意看

坚决不能动的项目

谨慎改动的项目

可放心改动的项目

严格遵守装修规范

在格局改造中，涉及水、电、暖、通等专业系统的改动，需要让专业人士进行操作，避免野蛮施工，危及房屋安全。

坚决不能动的项目

1. 房屋原有的栏杆、扶手及其他防护设施

部分装饰装修人员或住户，仅从美观或功能角度出发进行室内装饰装修设计，拆除了原有的防护设施，由此导致安全隐患的产生。

2. 承重墙、柱、梁

- 不能在承重墙、梁、柱上开洞、剔槽或扩大洞口尺寸。
- 不能凿掉钢筋混凝土结构中梁、柱、板、墙的钢筋保护层。
- 不能在预应力楼板上切凿开洞。
- 不能拆除混合结构的墙体。
- 不得在梁上、梁下或楼板上增设柱子。
- 隔断应选择轻质混凝土板等轻质材料，不宜采用砖墙等重质材料。

3. 上下水的主管道、排气管道、煤气管道、采暖管道

- 除独立式低层住宅外，不得改变原有干管的排水、排风、排气系统。随意改动，势必影响整栋楼的使用。
- 煤气管道、暖气管道等市政工程管道，如私自改动，不但会影响全楼居民的使用，还会产生巨大的安全隐患。

谨慎改动的项目

1. 给排水改动

改变卫生间内设施位置容易影响结构安全或发生渗漏、管道堵塞等，影响下层或相邻住户。需由专业人员来操作，并重做防水构造。

2. 配电箱移位

尽量不要随意移动配电箱的位置，如果出于功能考虑，一定要进行配电箱的移位，必须提前做好电路走线的规划设计，按照相关规范的要求来进行施工，一定要将配电箱设置在能轻易操作电控开关的位置。

3. 煤气表移位

如需对煤气表进行移位，需要向煤气公司申请。得到批准后，由其派出专业技术人员上门改动。不可由装修公司或业主自行改动。

4. 暖气片移位

暖气片位置改动也需谨慎，施工不当容易造成漏水或影响家庭采暖效果。尽量请暖气公司工作人员或物业人员进行施工。

可放心改动的项目

1. 非承重的隔墙

在图纸上标示为空心或浅色的墙体是非承重墙，本身不承担荷载，只是起空间分隔作用。可根据设计需要进行拆除。

2. 插座、开关、灯具位置

可以根据具体的设计需求进行调整，以满足需要。

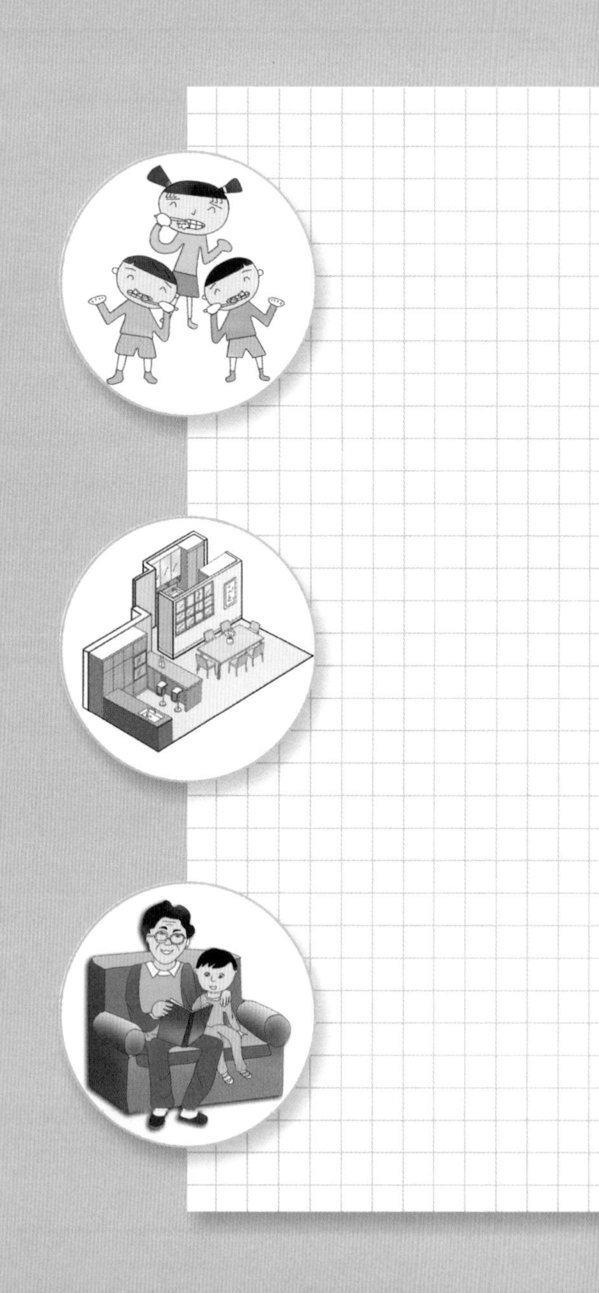

Chapter2

因改造而幸福的家

十个家庭改造秘诀

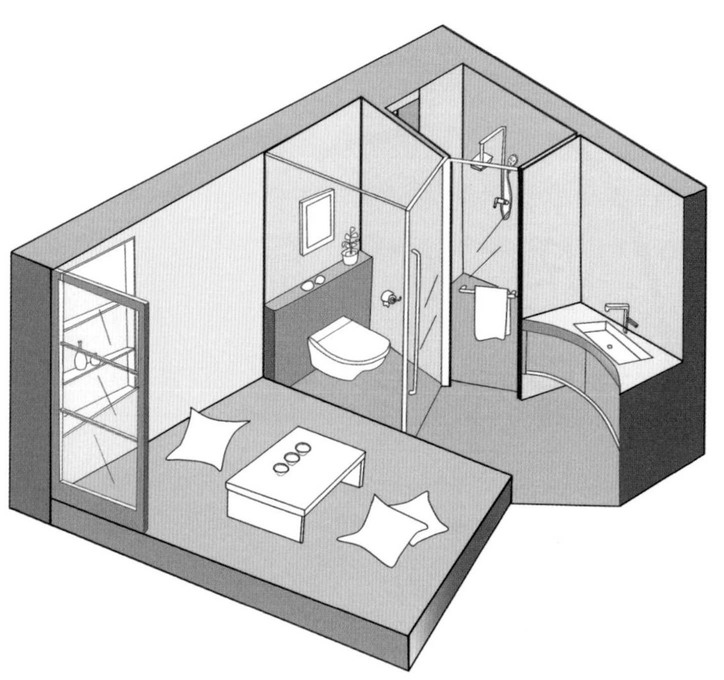

从单身到婚育的青年之家

委托人：kane

核心诉求：宽敞、明亮、可持续居住

- 委 托 人：Kane
- 职　　业：软件工程师
- 婚姻状况：单身

Kane 离开家乡来到城市求学，毕业后也就在此参加工作，在家庭的帮助下，买下了这套小公寓房。房子很小，却装载了 Kane 的很多梦想，也让他拥有了拼搏的动力。Kane 对房子的装修设计有很多设想，在房价高昂的今天，攒足购买更宽敞房子的首付款，还需要一个很长的过渡期，因此设计既要满足他当前一个人居住的生活需要，还要考虑他以后组建家庭、抚育下一代的需求。

对户型的不满

- 客厅采光差，白天有时需要开灯来辅助照明。
- 公寓房的厨房没有天然气，空间也很狭小。
- 卫生间没有适合洗澡的地方。
- 没有晾衣服的地方。

对设计的期望

- 改善客厅的采光。
- 让厨卫空间更好用。
- 希望能增加一间卧室。

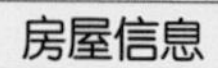

- 房屋状况：公寓新房
- 户型结构：一室一厅
- 建筑面积：$36m^2$
- 建筑结构：砖混结构

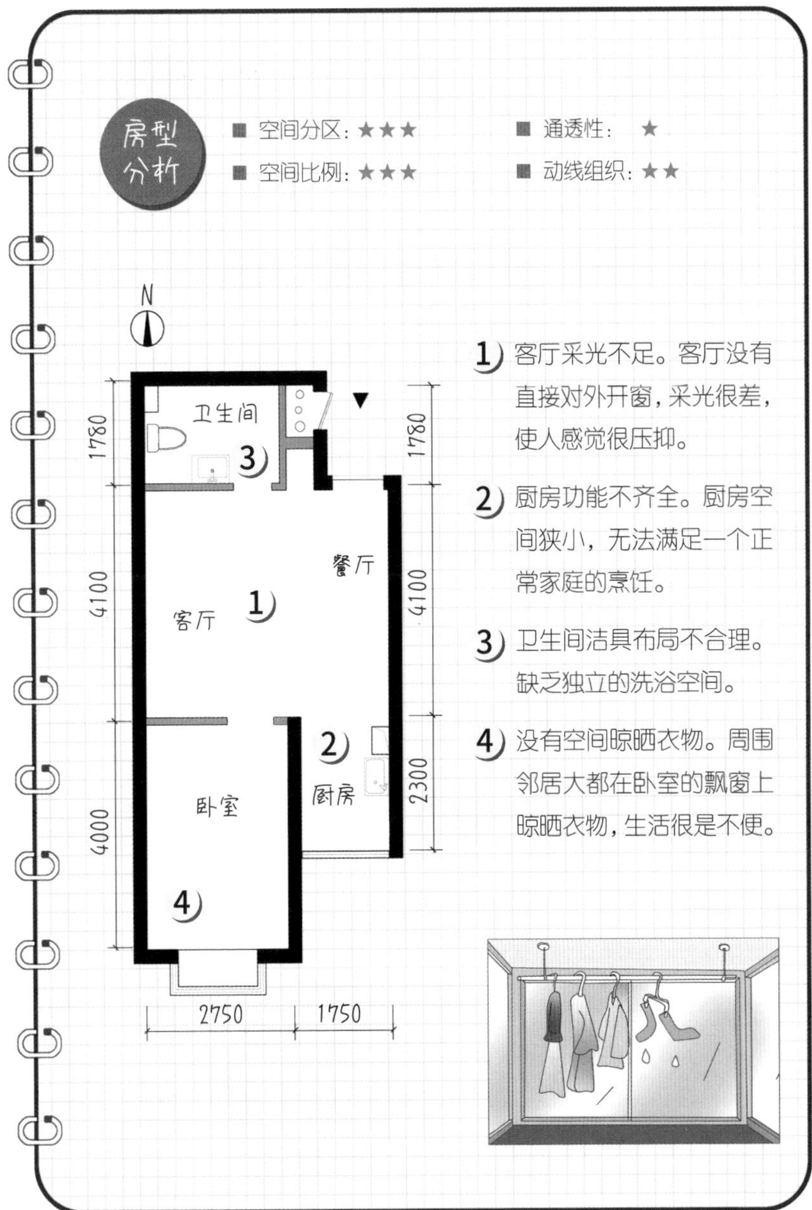

房型分析

- 空间分区：★★★
- 通透性： ★
- 空间比例：★★★
- 动线组织：★★

1) 客厅采光不足。客厅没有直接对外开窗，采光很差，使人感觉很压抑。

2) 厨房功能不齐全。厨房空间狭小，无法满足一个正常家庭的烹饪。

3) 卫生间洁具布局不合理。缺乏独立的洗浴空间。

4) 没有空间晾晒衣物。周围邻居大都在卧室的飘窗上晾晒衣物，生活很是不便。

设计思路

- 此套房屋最主要的自然光源都被卧室独占，导致客厅采光差。房屋的通透性直接影响到居住者的身心健康和舒适度，改善此房屋的客厅采光，是设计师的首要任务。因此可以考虑在客厅、卧室之间采用透光性好的材料进行分隔，将卧室的光线最大限度地引入客厅。现在人们的生活节奏较快，经常早出晚归。白天时尽量将两个空间贯通；晚上休息时，再利用隔断门加布帘分隔。这样一来，既解决了采光问题，又保障了使用者在晚上睡眠时的私密性，一举两得。

- 现有的卫生间空间还算适中，只是洁具的布置不合理，使用不便，需要进行调整，减少相互之间的干扰。卫生间设计应尽量干湿分离，提高舒适度。厨房空间也需要调整，考虑外扩，同时还要兼顾冰箱位置的安排。

- 为满足委托人的要求，需增加一间卧室。多分隔出一个房间不是难题，但如何兼顾其通风、采光，才是我们需要重点关注的问题。

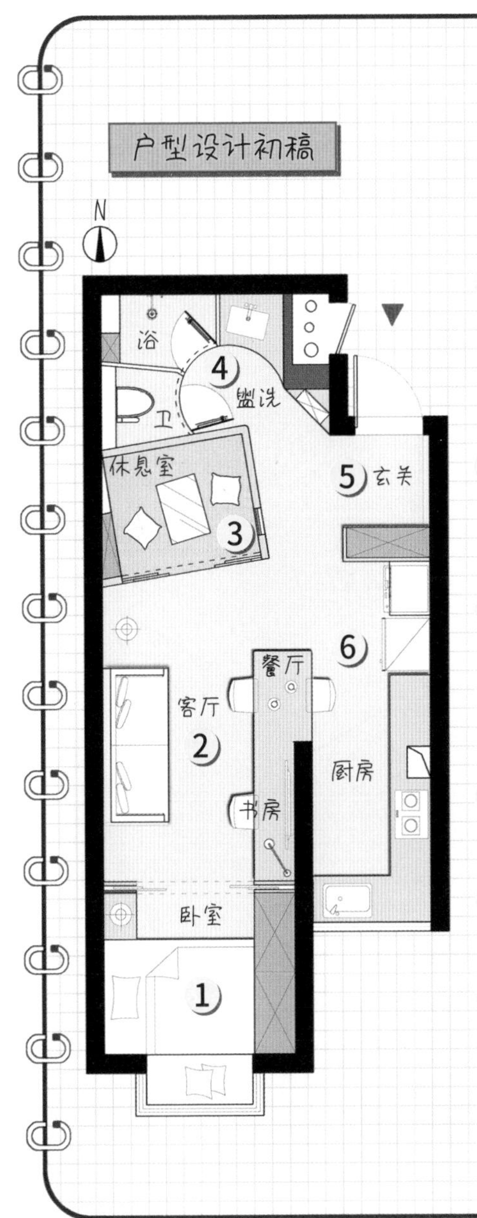

1. 卧室在满足正常睡眠、储物的前提下，收缩整体面积，并采用隐形滑动门，增加客厅的采光度。
2. 客厅整体南移。在其东墙，利用宽度差将书桌与餐桌相结合，实现多功能利用。
3. 利用主卧收缩腾出的面积，打造一个榻榻米式的多功能空间，并逆时针旋转15°，增加空间趣味性。
4. 卫生间坐便、洗浴、洗手三分离，干湿分离彻底。
5. 打造入户过道空间，同时解决玄关储物的需求。
6. 扩大厨房的面积，同时把洗衣区融入其中。

初稿方案设计细节

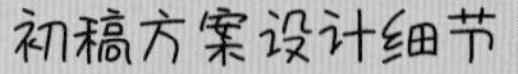

洗浴房
盥洗区
内窗
挂衣墙
玄关柜
洗衣区
冰箱
抽油烟机
坐便间
榻榻米
餐桌
书桌
衣柜

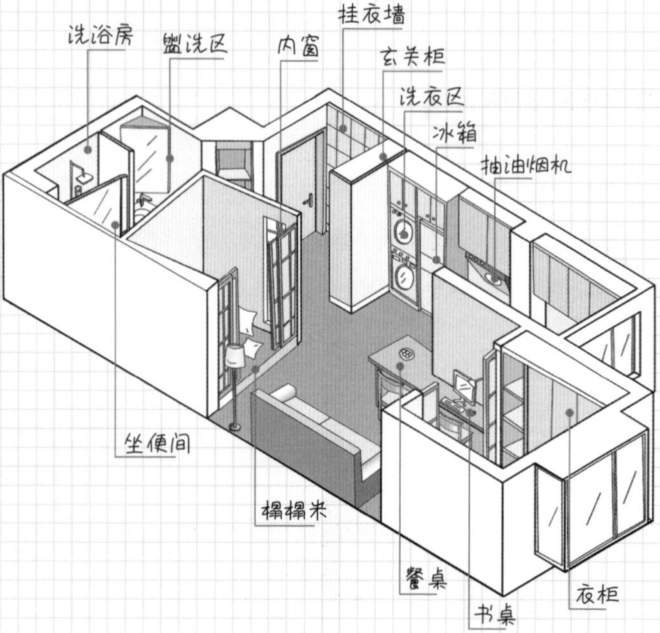

■ 此方案对卫生间进行了三分离的布局设计，使其更加符合现代家庭的生活习惯。在保证卧室睡眠、储物等基本功能的前提下，对其空间进行了压缩。通过空间置换在原客厅区分隔出一间多功能休闲室，既可用作休闲茶室，也可用作卧房使用。为了保障其通透性，运用障子纸推拉门闭合，并在其东侧墙面留有内窗。为防止新分隔的房间过于突兀，将其逆时针旋转 15°，增添了空间灵动性，同时增加了卫生间的有效面积。

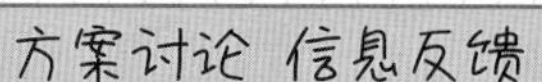

满意之处

1) 设计初稿显然给了委托人一个惊喜，没想到能够增加一间卧室，并且空间的采光也得到了解决。

2) 对主卧室的设计也非常满意，既有效利用了空间，也保留了必备的储物功能。

3) 卫生间的三分离设计显然超出他的想象。干湿分离的布局，解决了洗完澡后整个空间都湿漉漉的尴尬。

需要调整之处

1) 需再增加一个卧室。在设计交流中，委托人又有了更长远的考虑。如果婚后抚育宝宝，一段时期内，可能需要老人前来帮忙。所以最好能增加两个卧室，才能满足需要。

2) 家庭活动空间尽量宽敞，不希望因增加房间而变得闭塞。

3) 增加储物空间。考虑以后有大量的衣物需要收纳，还有很多的书籍及工艺藏品需要摆放。

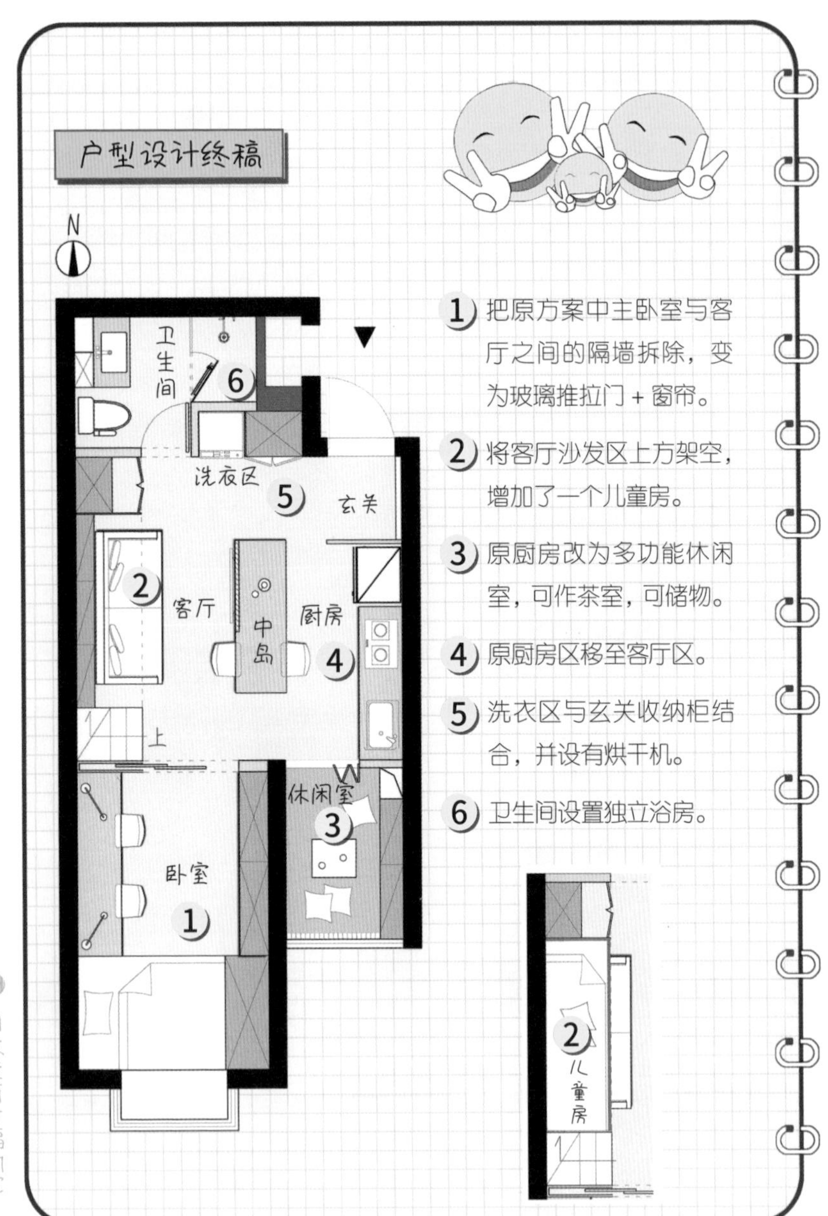
户型设计终稿
N
卫生间
6
洗衣区
5
玄关
2
客厅
中岛
厨房
4
上
休闲室
3
卧室
1
2
儿童房
1 把原方案中主卧室与客厅之间的隔墙拆除，变为玻璃推拉门 + 窗帘。
2 将客厅沙发区上方架空，增加了一个儿童房。
3 原厨房改为多功能休闲室，可作茶室，可储物。
4 原厨房区移至客厅区。
5 洗衣区与玄关收纳柜结合，并设有烘干机。
6 卫生间设置独立浴房。

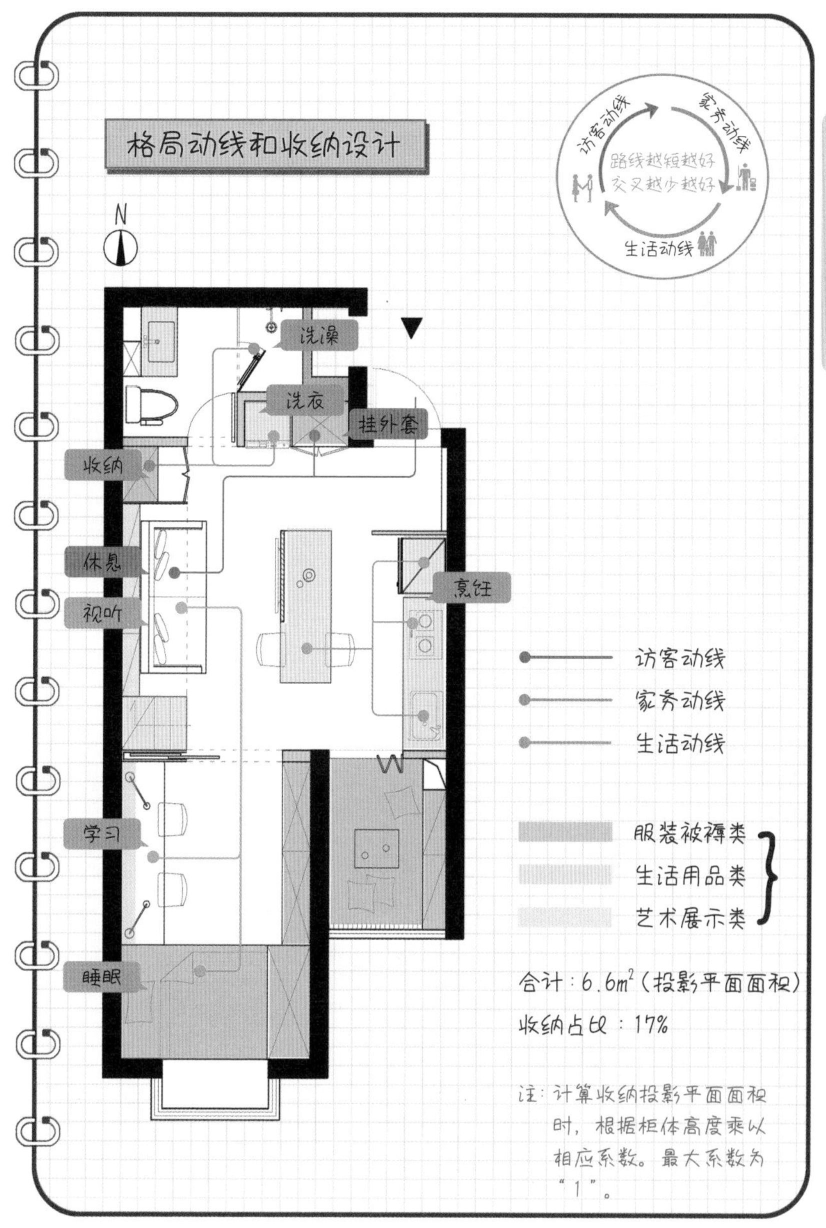
格局动线和收纳设计
N
访客动线
家务动线
生活动线
路线越短越好
交叉越少越好
洗澡
洗衣
挂外套
收纳
休息
视听
烹饪
学习
睡眠
访客动线
家务动线
生活动线
服装被褥类
生活用品类
艺术展示类
合计：6.6m²（投影平面面积）
收纳占比：17%
注：计算收纳投影平面面积时，根据柜体高度乘以相应系数。最大系数为"1"。

设计细节之卫生间

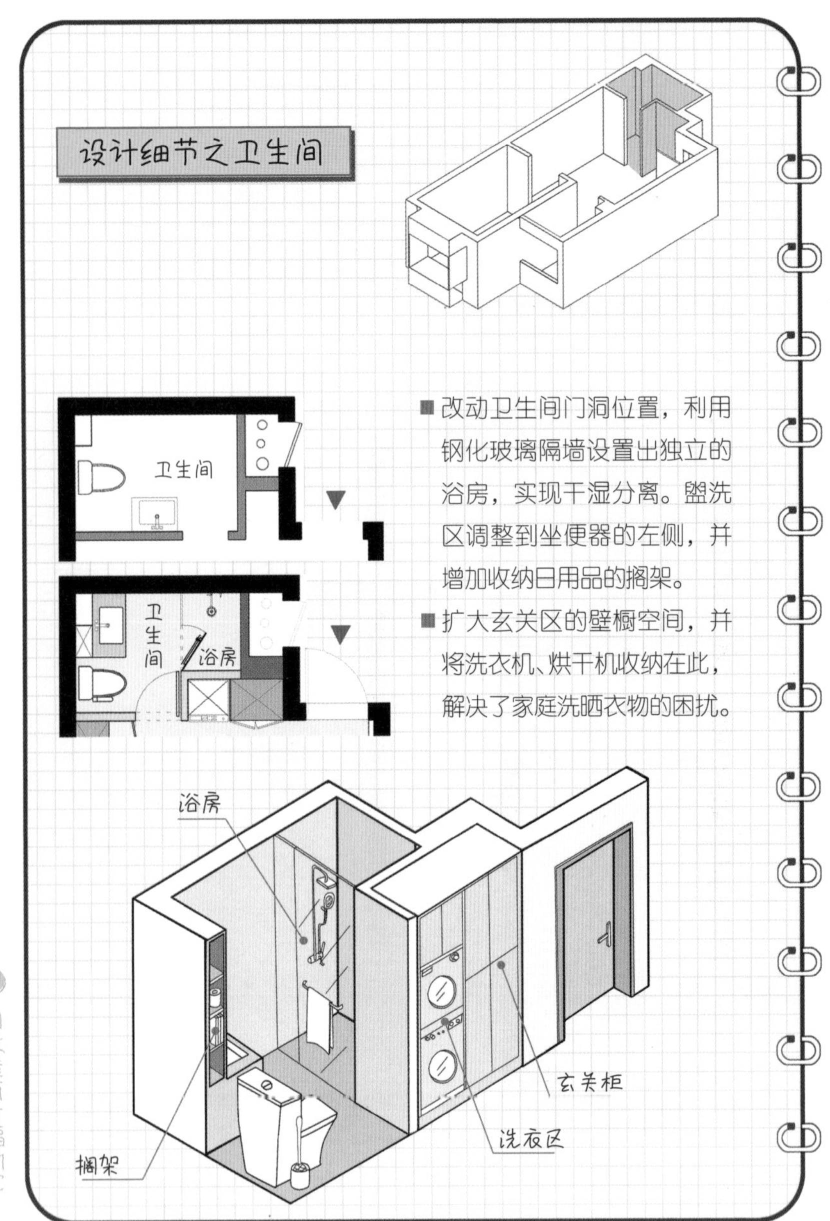

- 改动卫生间门洞位置，利用钢化玻璃隔墙设置出独立的浴房，实现干湿分离。盥洗区调整到坐便器的左侧，并增加收纳日用品的搁架。
- 扩大玄关区的壁橱空间，并将洗衣机、烘干机收纳在此，解决了家庭洗晒衣物的困扰。

设计细节之客厅

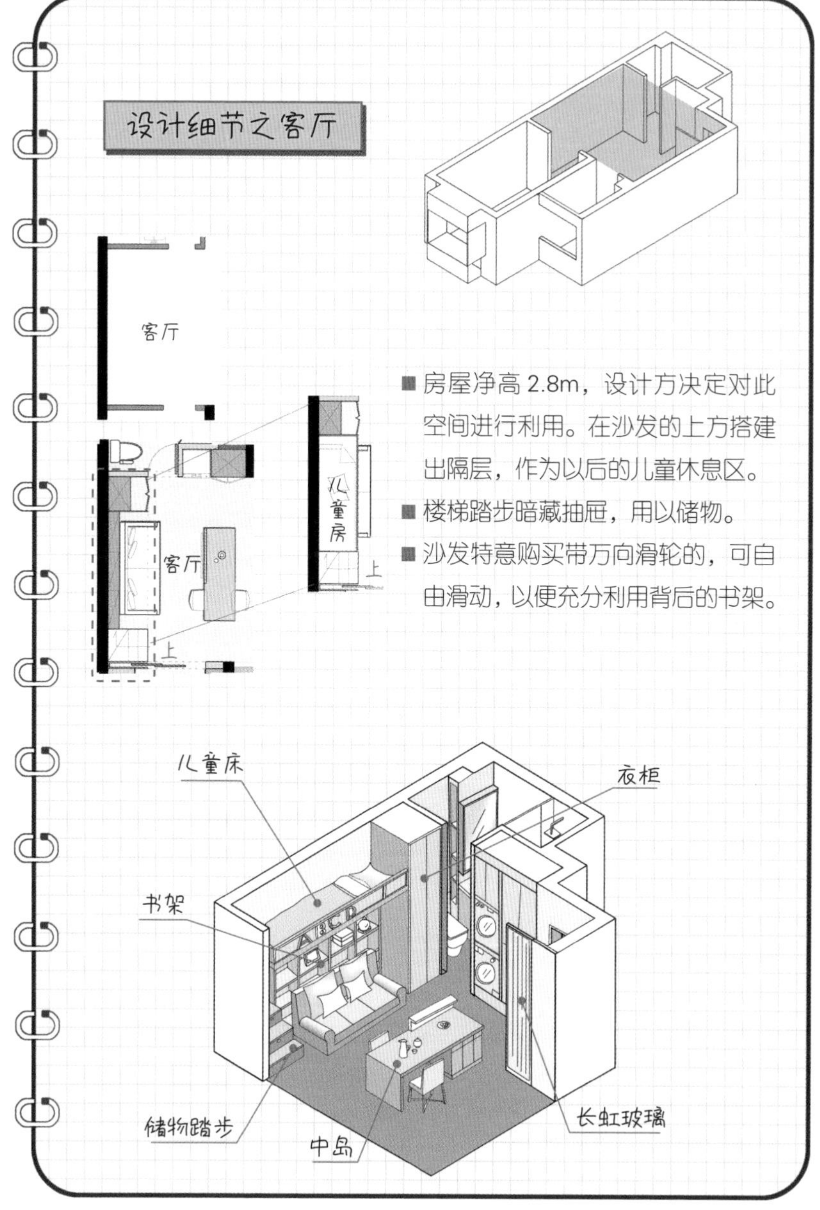

- 房屋净高 2.8m，设计方决定对此空间进行利用。在沙发的上方搭建出隔层，作为以后的儿童休息区。
- 楼梯踏步暗藏抽屉，用以储物。
- 沙发特意购买带万向滑轮的，可自由滑动，以便充分利用背后的书架。

设计细节之餐厨区

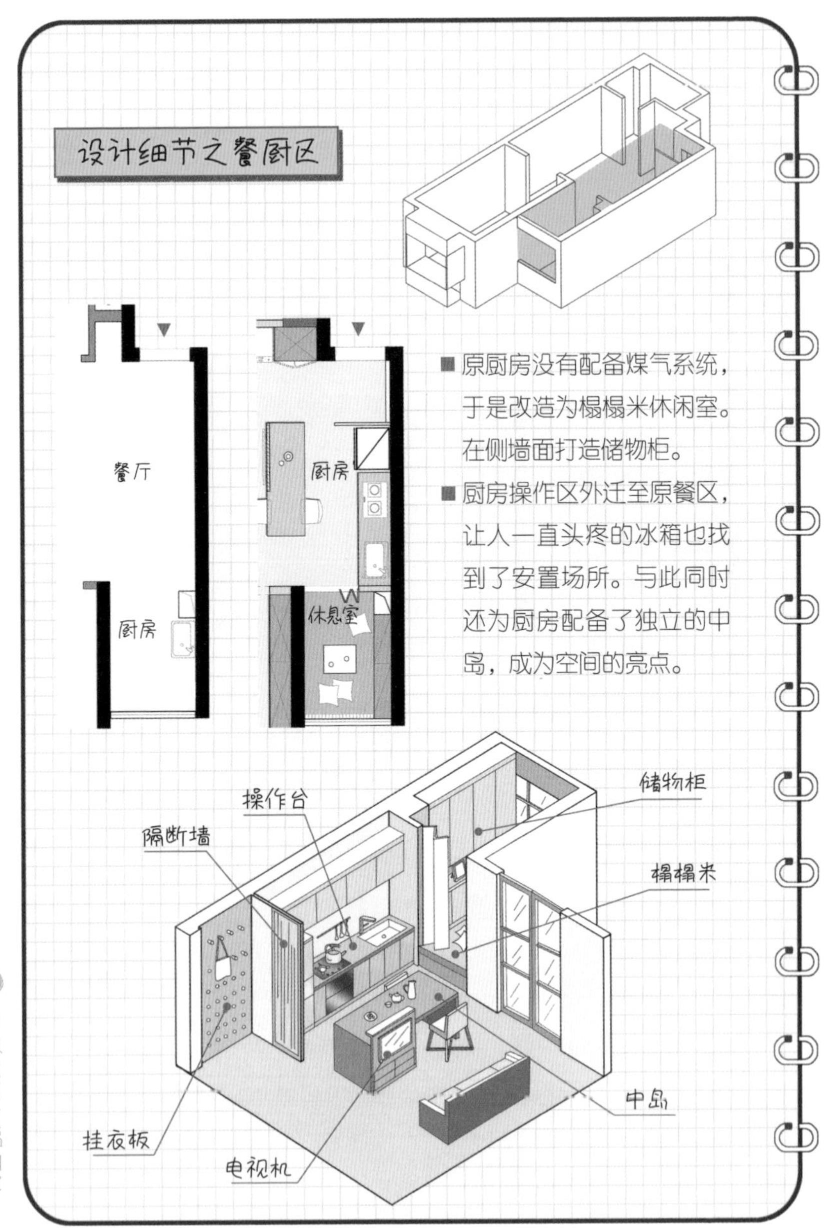

■ 原厨房没有配备煤气系统，于是改造为榻榻米休闲室。在侧墙面打造储物柜。

■ 厨房操作区外迁至原餐区，让人一直头疼的冰箱也找到了安置场所。与此同时还为厨房配备了独立的中岛，成为空间的亮点。

设计细节之卧室

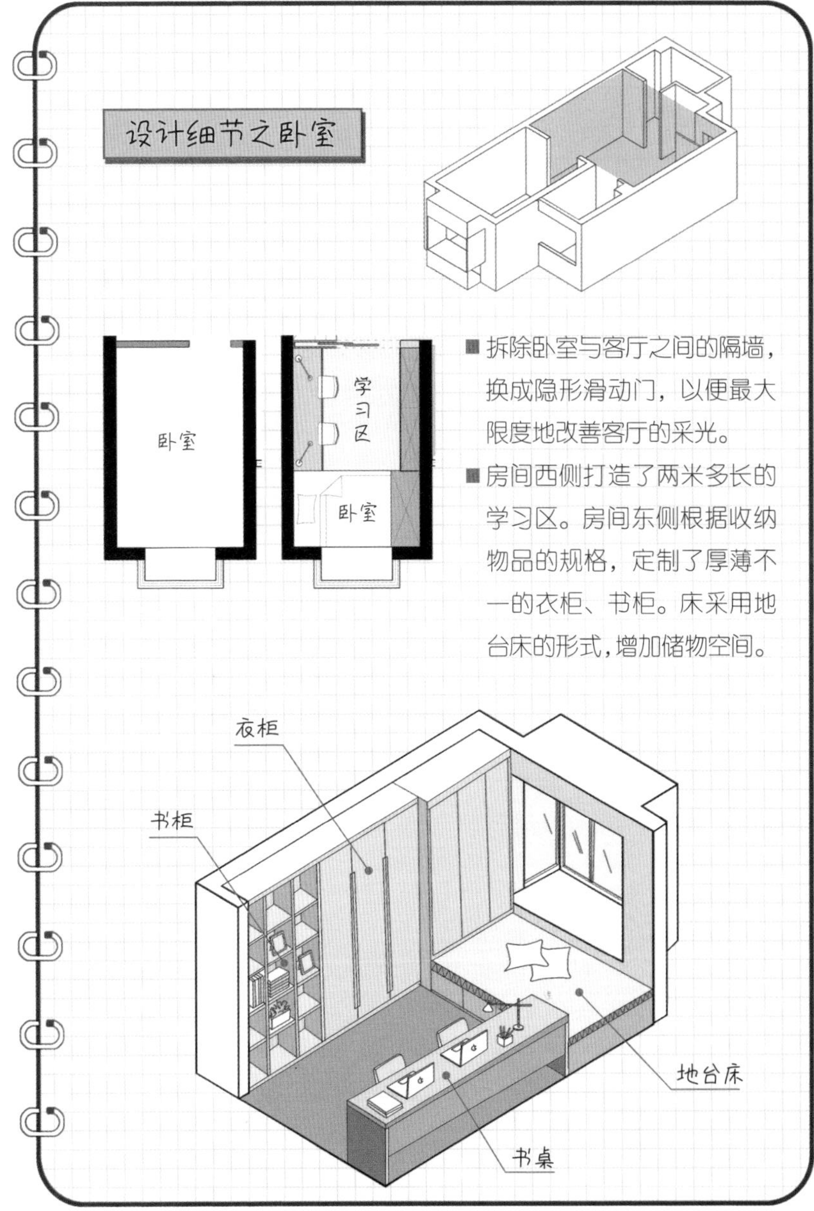

- 拆除卧室与客厅之间的隔墙，换成隐形滑动门，以便最大限度地改善客厅的采光。
- 房间西侧打造了两米多长的学习区。房间东侧根据收纳物品的规格，定制了厚薄不一的衣柜、书柜。床采用地台床的形式，增加储物空间。

格局鸟瞰 居住体验

本户型虽然空间小，但睡眠、学习、娱乐、烹饪、洗浴、洗衣等功能都要具备。房间当前虽然是委托人 kane 一人居住，足够使用，但他即将面临恋爱、结婚、生育、宝宝成长等，又会产生新的需求，并且在几年之内无法置换大房子，所以在设计中需要为他未来的生活变化做好准备。

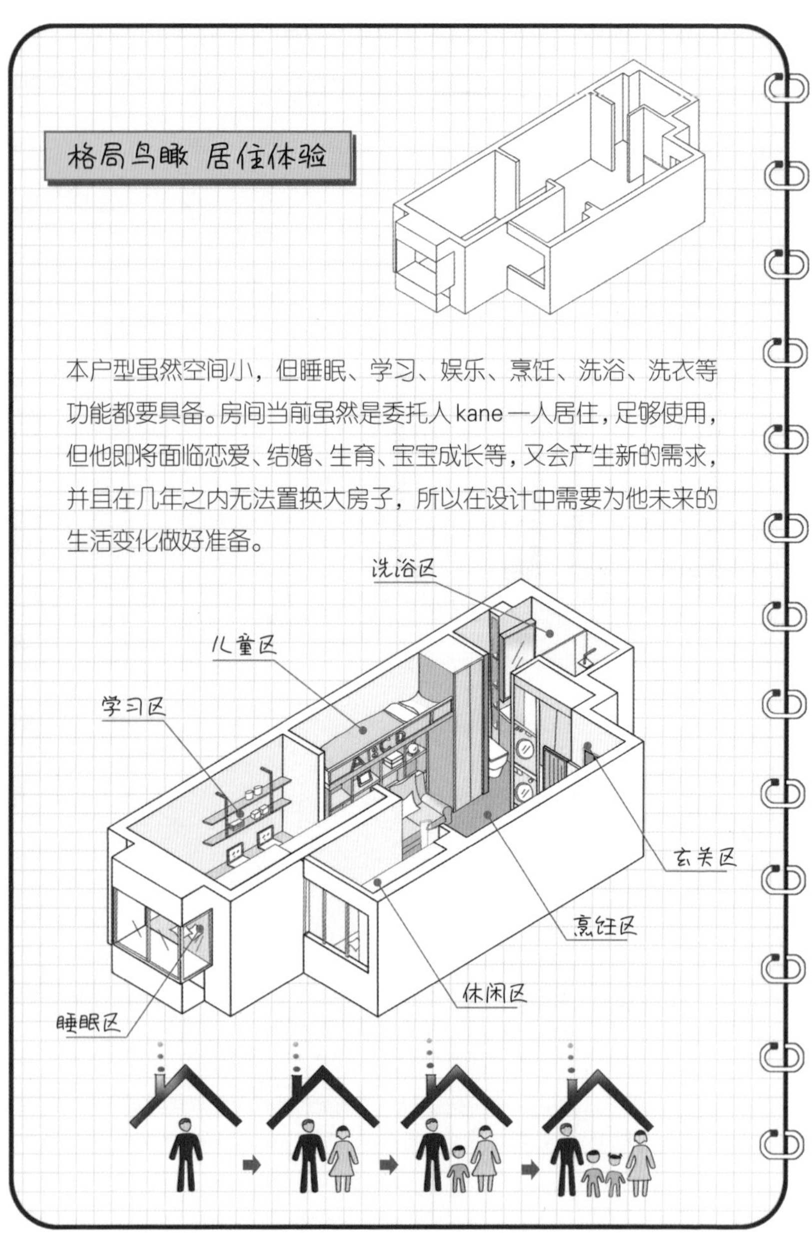

知识加油站

■ 长虹玻璃

长虹玻璃是压花玻璃的一种，既可以起到半遮挡的作用，又能保持空间通透性。它和磨砂玻璃一样，自带模糊效果，但通体都是竖向条纹，非常有规律，适用场合也更广，配上黑色窄边的铝合金框，用来做室内隔断或玻璃推拉门都非常合适，其透光又透色的优点也能得以最大限度的体现。

长虹玻璃与普通玻璃相比具有以下优点：

1）保持自然采光；2）增加私密性；3）延伸空间；4）更美观。

■ 家居收纳

收纳设计规划的成功与否，关系到家庭的整洁美观。居家收纳的物品林林总总，按照使用性质大体可分为以下三类：

1）服装被褥类，包含床上用品、衣物、鞋帽、箱包等；

2）生活用品类，包含餐饮烹饪用品、卫生清洁用品、娱乐休闲用品和其他生活用品；

3）艺术展示类，包括艺术藏品、旅游纪念品等。按照收纳空间来划分，可以分为玄关收纳、客餐厅收纳、卧室收纳、厨卫收纳、家务间收纳。

另外，我们经常在家居设计书籍中看到“收纳占比”这个词，它其实是指家中收纳空间的投影面积与房屋套内总面积的比值。房屋面积越小，收纳比值反而应该越大。

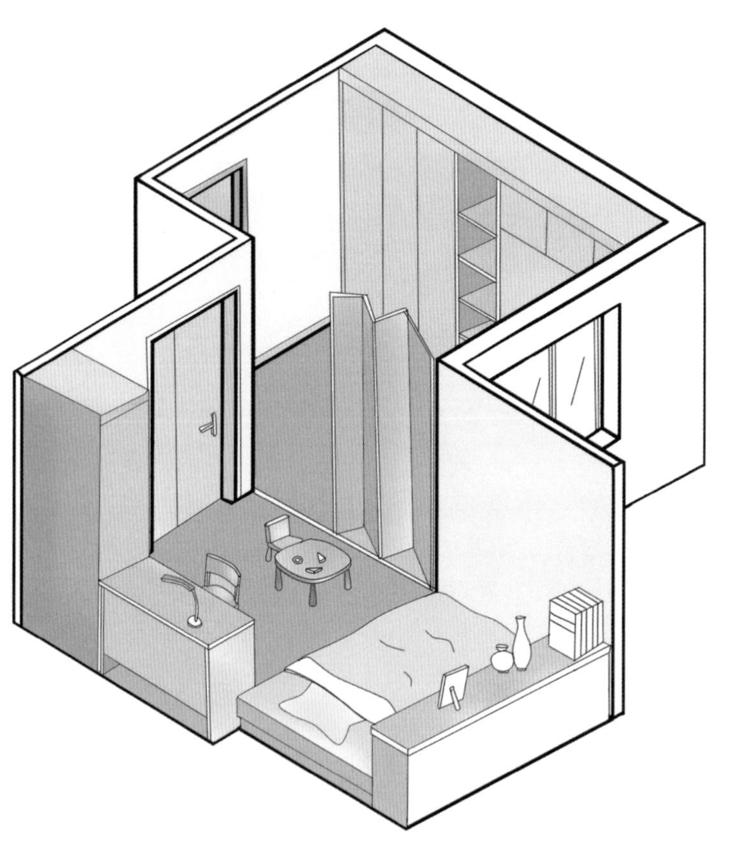

与孩子从零开始成长的家

委托人：w 夫妇

核心诉求：随着宝宝的成长，空间也需要不断变化

- W先生：互联网公司工程师
- W太太：外资企业职员

家庭档案

生活在一线大城市的W夫妇，工作繁忙。结婚以来，一直没时间要宝宝。但双方老人催得紧，表示如果继续拖下去，即使有了宝宝，身体状况也不允许他们带孙子了，这让W夫妇不得不认真考虑这个问题。经过反复筛选，他们最终购买下这套四居室，开始为抚育宝宝做准备。房屋窗外就是悦目的山景，W夫妇对房子整体还算满意，但在与设计师沟通时，也告知了几点不满意的地方。

对户型的不满

- 入户处没有玄关区域。
- 主卧门正对主卫门。
- 主卧收纳空间不足。
- 两个大阳台浪费面积。

对设计的期望

- 卫生间要能实现分离设计。
- 需打造出一个舒适的书房。
- 主卧要规划出步入式衣帽间。
- 要能适应未来的生活变化。

房屋信息

- 房屋状况：二手房
- 户型结构：四室两厅
- 建筑面积：150m^2
- 建筑结构：框架结构

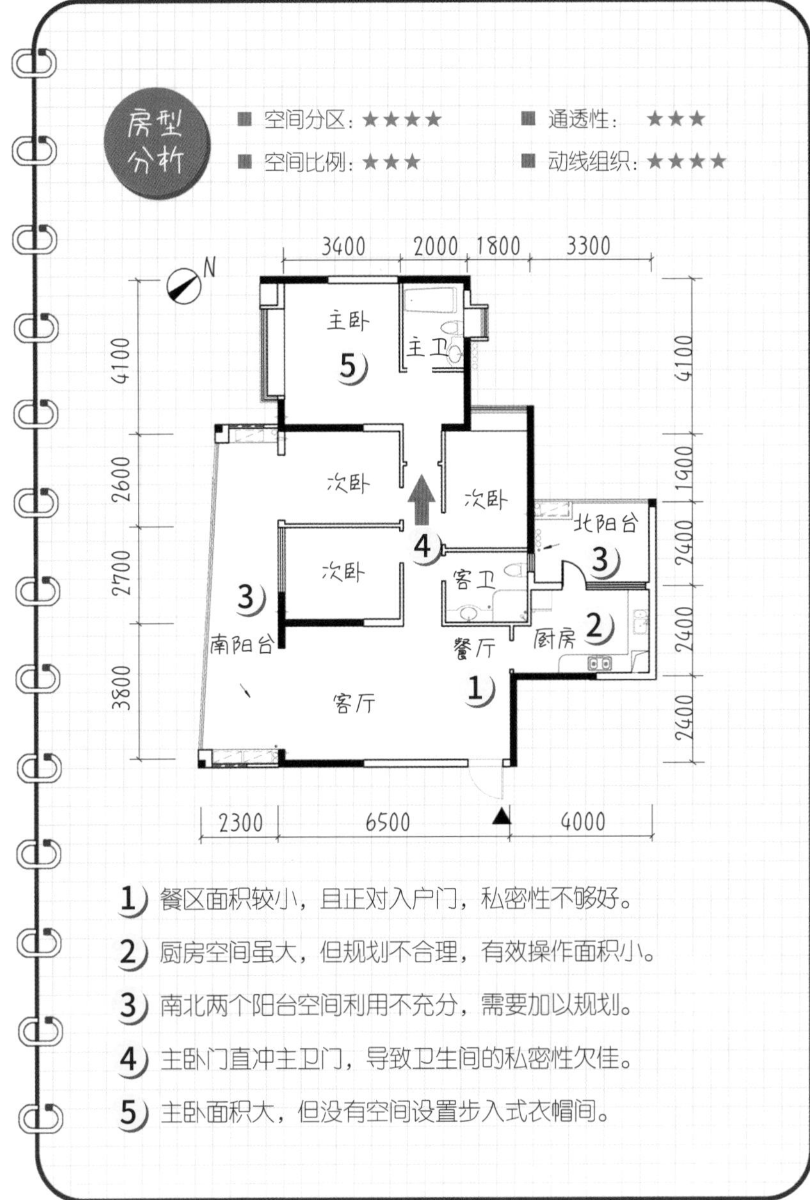

■ 空间分区：★★★★　■ 通透性：★★★

■ 空间比例：★★★　■ 动线组织：★★★★

1) 餐区面积较小，且正对入户门，私密性不够好。

2) 厨房空间虽大，但规划不合理，有效操作面积小。

3) 南北两个阳台空间利用不充分，需要加以规划。

4) 主卧门直冲主卫门，导致卫生间的私密性欠佳。

5) 主卧面积大，但没有空间设置步入式衣帽间。

- 此房屋面积比较大，原始的格局也算可以。所以在二次格局优化上，切忌把空间分隔得过于呆板。可以考虑利用弹性划分手段，保持室内空间的通畅。
- 目前委托人尚是二人世界，但以后随着孩子的到来，可能会出现三代同堂，五口之家的局面。孩子逐渐长大，不再需要老人照顾，又会形成三口之家。委托人打算在此居住十年以上，所以在设计时，尽量能有预见性。
- 站在房屋的阳台，就能眺望漂亮的山景。这是此房屋独特的优势，我们需要在设计中发挥这一优势，同时合理利用每寸空间，遵循科学、便捷、流畅的指导思想。
- 女主人喜欢小动物，现在家中有一只可爱的小猫。这需要我们在设计过程中，将它的生活也一并考虑进来。

1) 利用玄关柜，分隔出玄关过渡区域，增加空间的层次感。

2) 客卫三分离设计，坐便、盥洗、淋浴分开，实现干湿分离。

3) 北阳台封闭改为厨房，原厨房改为餐厅，餐厨相连更方便。

4) 南阳台部分并入儿童房，其余为观景阳台，并安置小猫。

5) 客厅相邻的卧室改为书房，并可进行交通洄游，灵动性强。

6) 北卧室作为老人房，以方便老人偶尔来此居住，照看孙儿。

7) 主卧配备步入式衣帽间。调整主卫门方向，避开主卧门。

方案讨论 信息反馈

设计初稿交付 W 夫妇后，他们进行了仔细研究，给出了如下反馈意见。

满意之处

1. 经过调整，南北两个大阳台的空间得到充分利用。
2. 小猫有了一个适合的空间，与一家人一起生活。
3. 家庭拥有玄关过渡空间，玄关收纳也得到了解决。
4. 客卫三分离设计，满足了委托人干湿分离的心愿。

需要调整之处

1. 主卫门洞调整后，感觉不够方正，委托人希望最好彻底解决两门相对的格局。
2. 老人房面积较小，希望给老人一个舒适的卧房照看孙儿。
3. 委托人不希望家中格局在一次装修中就固定了，不希望下次改变格局还要大动干戈，希望能随着孩子的成长而灵活变化。
4. 男主人经常在家上网办公，希望书房能够相对封闭、安静。

户型设计终稿

1) 客卫重新规划，并设置洗衣房，盥洗区设在玄关柜背面。

2) 客卫的曲线墙，让客餐厅区域的空间更流畅，视线更开阔。

3) 沙发重新摆放，以便能更好地观赏室外景色。

4) 北卧室改为书房，并与主卧空间相连接。主卧门避开主卫门。

5) 儿童房与老人房用可推拉隔墙弹性分隔，空间根据需求变化。

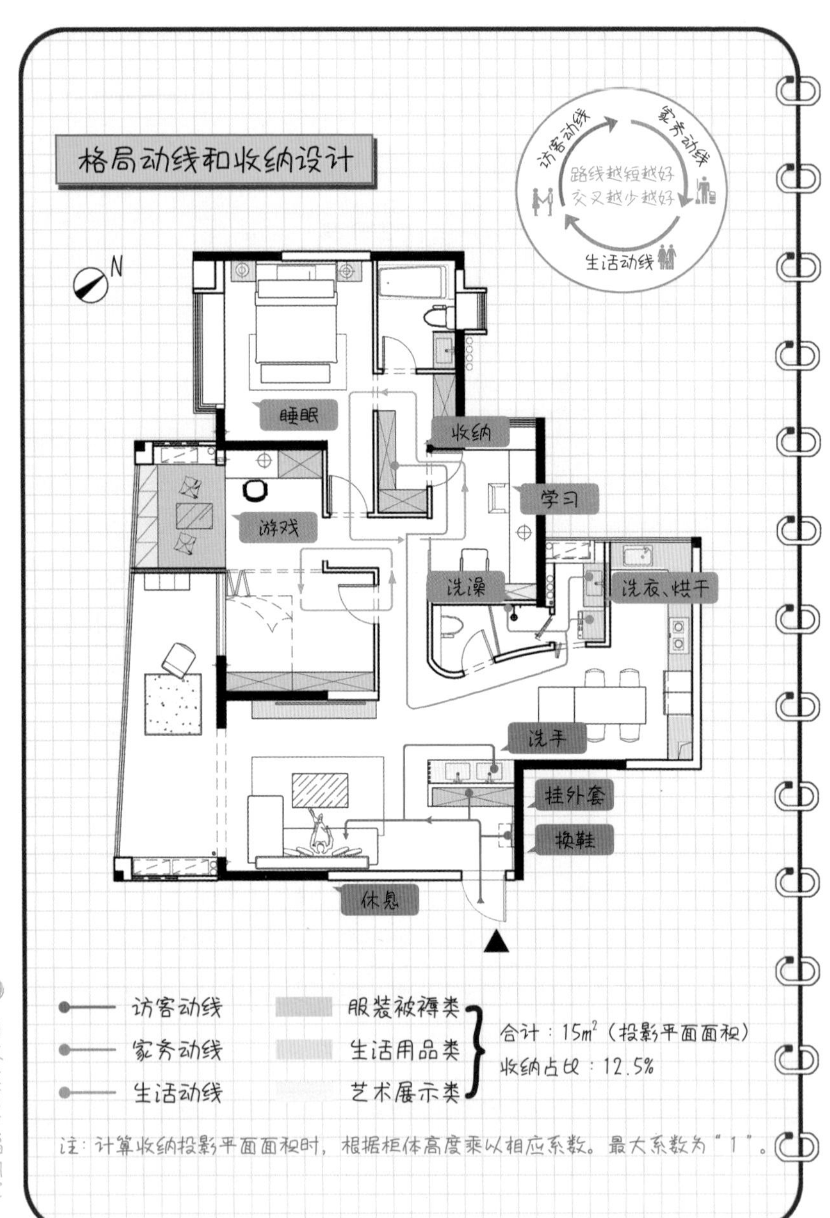
格局动线和收纳设计
访客动线
家务动线
生活动线
路线越短越好
交叉越少越好
N
睡眠
收纳
学习
游戏
洗澡
洗衣、烘干
洗手
挂外套
换鞋
休息
访客动线
家务动线
生活动线
服装被褥类
生活用品类
艺术展示类
合计：15m²（投影平面面积）
收纳占比：12.5%
注：计算收纳投影平面面积时，根据柜体高度乘以相应系数。最大系数为"1"。

设计细节之客厅、阳台

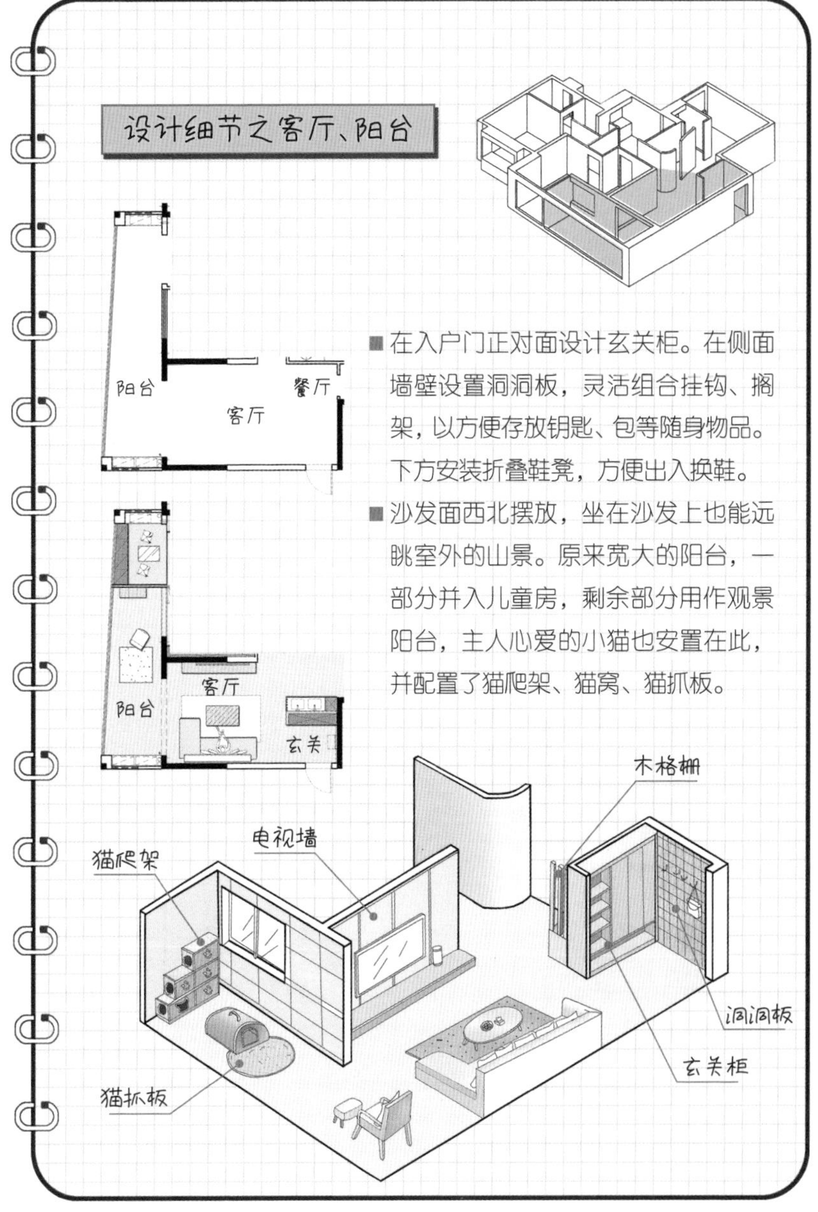

- 在入户门正对面设计玄关柜。在侧面墙壁设置洞洞板，灵活组合挂钩、搁架，以方便存放钥匙、包等随身物品。下方安装折叠鞋凳，方便出入换鞋。
- 沙发面西北摆放，坐在沙发上也能远眺室外的山景。原来宽大的阳台，一部分并入儿童房，剩余部分用作观景阳台，主人心爱的小猫也安置在此，并配置了猫爬架、猫窝、猫抓板。

设计细节之主卧、书房

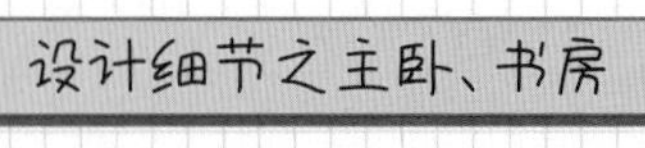

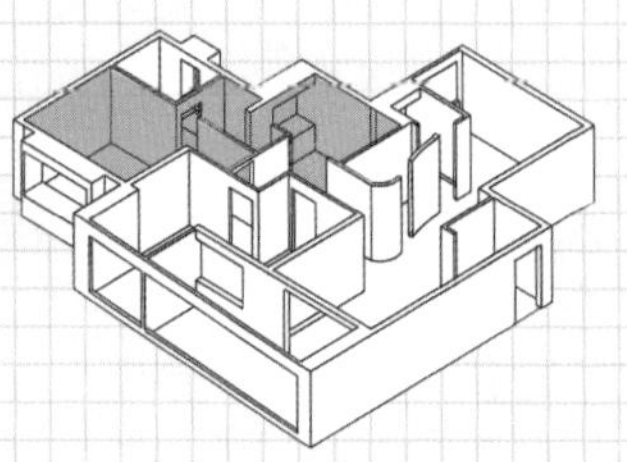

■ 改变主卧门洞位置，彻底解决原主卧门洞与主卫门相对的尴尬。将原过道改造为独立的衣帽间，增加了家庭的收纳空间。

■ 北次卧改造为独立的书房。创造了一个独立、安静的空间，方便男主人在家工作。书房区与主卧之间可以通过衣帽间进行交通连接，可以从客厅直接进入书房，也可以从书房直接进入主卧，形成洄游动线，让男主人能够在工作和休息时灵活切换空间。

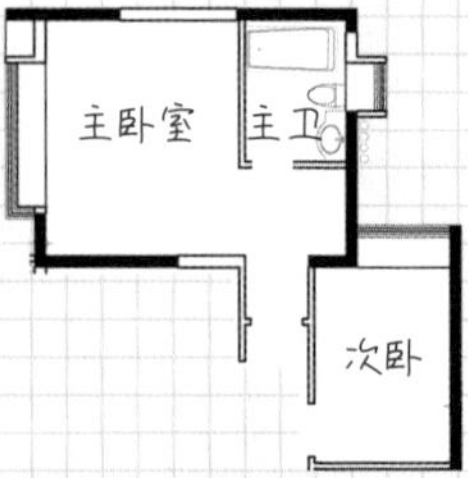

主卧室
主卫
次卧

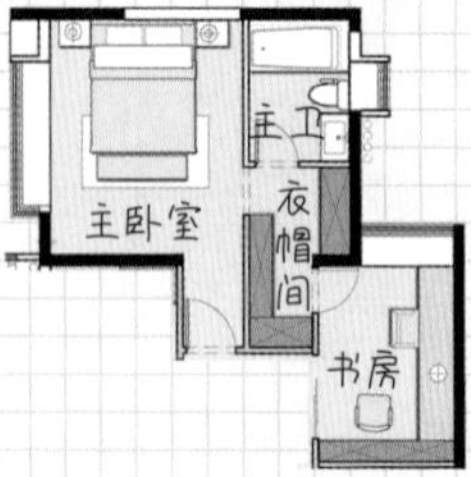

主卧室
主卫
衣帽间
书房

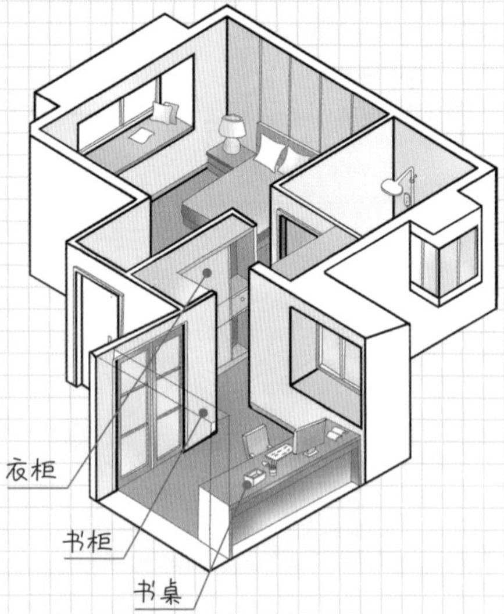

衣柜
书柜
书桌

设计细节之儿童房

■儿童房与相邻的老人房利用折叠隔断墙进行灵活分隔。在二人世界时，空间完全打通，家庭为三室格局。宝宝出生后，老人搬来居住照看孙子，于是将隔断墙闭合，形成分别独立的四室格局。

当宝宝逐渐长大，不需要祖父母照看时，老人便回到自己家中居住。届时将折叠隔断墙收起，两个空间又打通。分别作为宝宝的睡眠区和游戏区。灵活利用空间，以适应不同时期的居住需求。

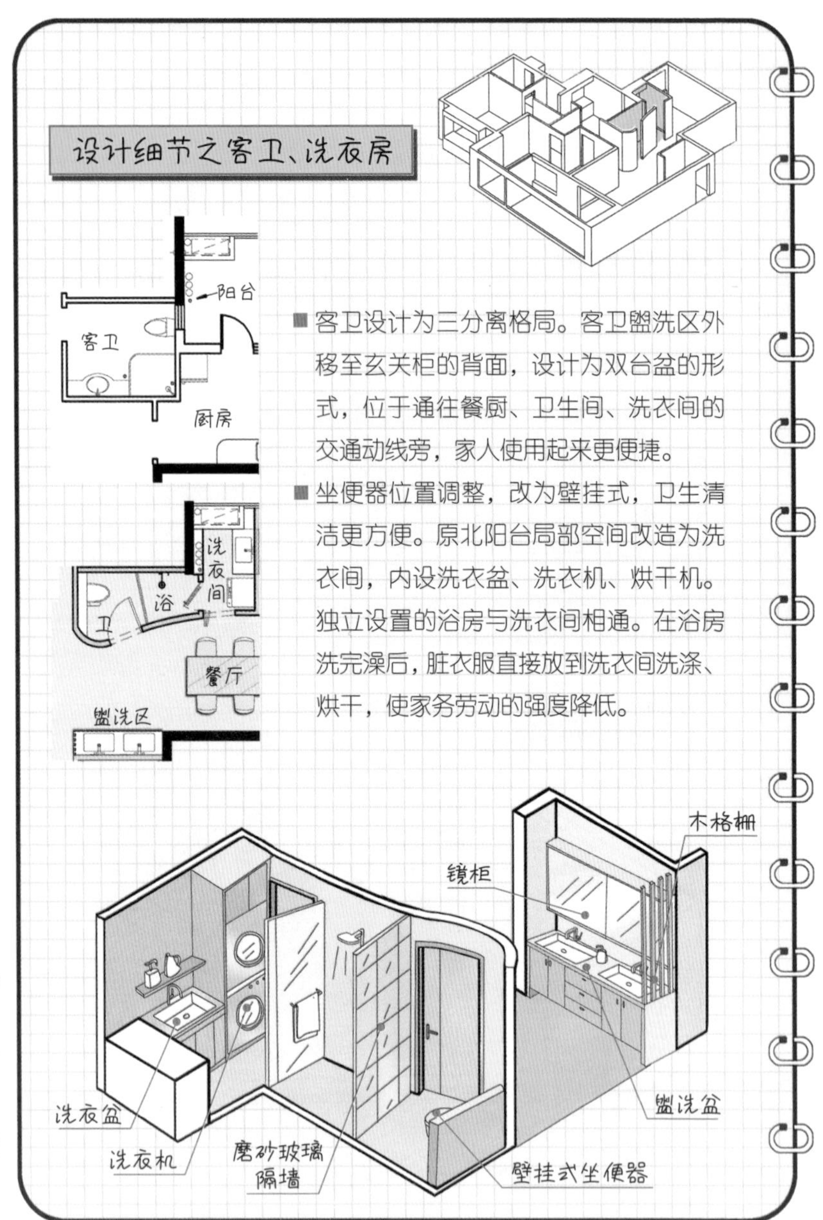

■ 客卫设计为三分离格局。客卫盥洗区外移至玄关柜的背面，设计为双台盆的形式，位于通往餐厨、卫生间、洗衣间的交通动线旁，家人使用起来更便捷。

■ 坐便器位置调整，改为壁挂式，卫生清洁更方便。原北阳台局部空间改造为洗衣间，内设洗衣盆、洗衣机、烘干机。独立设置的浴房与洗衣间相通。在浴房洗完澡后，脏衣服直接放到洗衣间洗涤、烘干，使家务劳动的强度降低。

设计细节之餐厨区

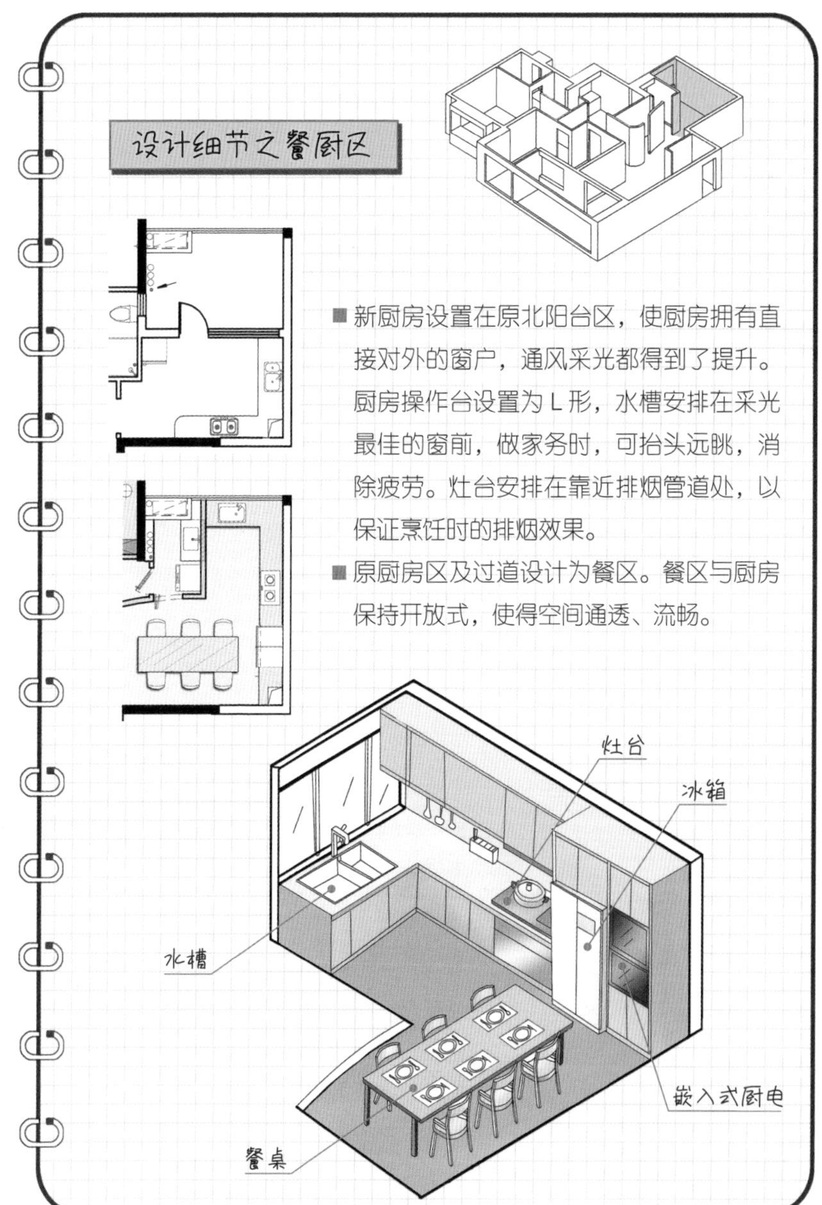

■ 新厨房设置在原北阳台区，使厨房拥有直接对外的窗户，通风采光都得到了提升。厨房操作台设置为 L 形，水槽安排在采光最佳的窗前，做家务时，可抬头远眺，消除疲劳。灶台安排在靠近排烟管道处，以保证烹饪时的排烟效果。

■ 原厨房区及过道设计为餐区。餐区与厨房保持开放式，使得空间通透、流畅。

格局鸟瞰 居住体验

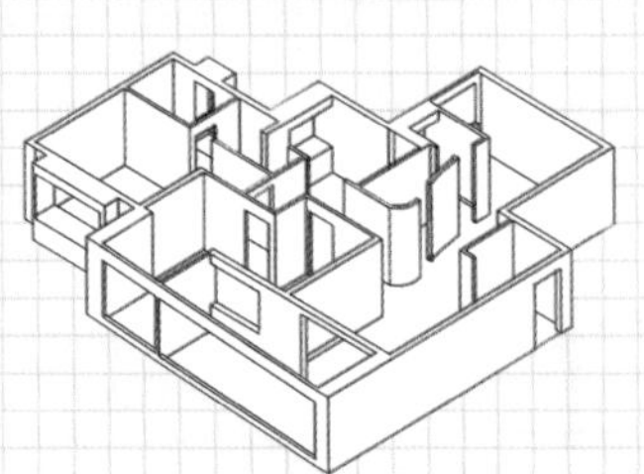

设计方案经过多次细节调整，兼顾了 w 夫妇的不同需求。搬进焕然一新的新居，他们开心不已。入户设有方便收纳的玄关柜、挂衣墙，又能遮挡视线。三分离的卫生间、宽敞明亮的现代厨房、餐厅，更加适应现代生活节奏。设计漂亮的儿童房静等小主人的到来。开合方便的折叠隔断墙，灵活组合出不同的空间格局。主卧储物量巨大的衣帽间，成为女主人的最爱。睡眠区与书房区的洄游动线设计，很好地保持了空间格局的贯通性。

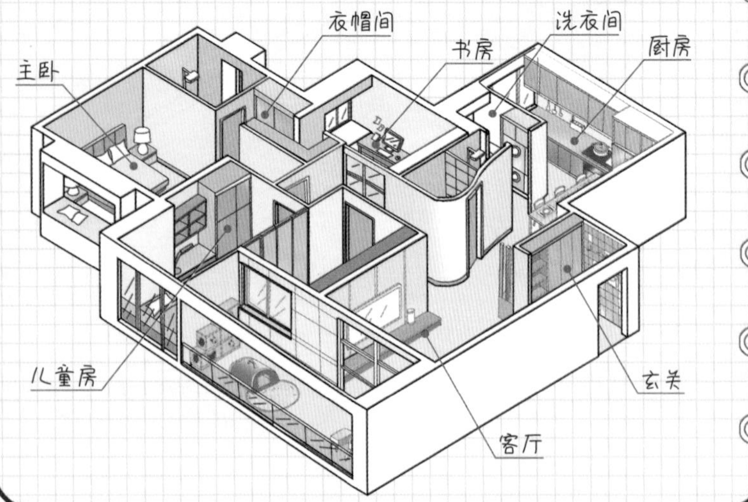

知识加油站

■ 洞洞板

洞洞板，又名冲孔板，是近年来特别火的一款收纳器具。看似简单，其实蕴藏着强大的收纳实力，是功能与美观兼具的存在。洞洞板主要有木质类、金属类、塑胶类。木质类主要有松木板和橡木板。金属类主要有不锈钢板、铝板、低碳钢板、铝镁合金板、铜板。客厅、卧室一般使用木质类，卫生间、厨房使用塑胶类、金属类。在具体应用中需要配合挂钩、木棒、横板、挂篮等使用。

■ 沙发壁床

国外称为“墨菲床”，国内则习惯称为“沙发壁床”或“沙发隐形床”（能轻松收纳于壁柜中的床）。其最初的发明者是 19 世纪初的威廉 · 墨菲。它一诞生就风靡了欧洲，因为它不仅给人们带来了更便捷的居家生活方式，也为美化空间、节约空间提供了更多可能。它最大的特点就是能节约空间。晚上将床放下来就可以休息，而白天把床收起来之后，空间就可以变大很多，不管是日常活动还是休闲会客，都会更加方便。

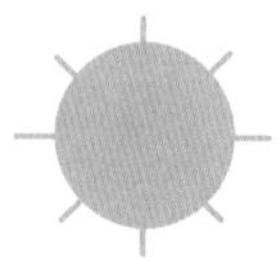

共享读书时光的三口之家

委托人：S 夫妇 + 读小学的儿子

核心诉求：拥有一个陪伴孩子一起读书的家

- 爸爸：外企职员
- 妈妈：中学教师
- 儿子：小学生

委托人为 S 夫妇。夫妻二人都是各自单位的骨干，日常工作繁忙，唯一的儿子是一名小学生，三个人组成了一个温馨的家庭。爸爸由于工作性质，经常出国公干。每年假期也会带家人出国旅游。他们的思想前卫、眼界开阔，喜欢高质量的生活环境。委托人对新居的设想是现代、便捷、高效、时尚。同时非常珍惜一家人在一起相处的时光，喜欢闲暇之余陪孩子读书、上网、听音乐。希望能打造出一个轻松自然、充满书香气的新居。

对户型的不满

- 主卧室异形，看着漂亮，但床体不知如何摆放。
- 家中缺少储物收纳空间。
- 洗衣阳台在儿童房，担心做家务时影响孩子休息。

对设计的期望

- 拥有独立的衣帽间。
- 拥有独立的家务间。
- 在主卫设置浴缸用来泡澡。
- 书房可供一家人一起看书、学习。

房屋信息

- 户型结构：三室两厅双卫
- 建筑面积：125m^2
- 建筑结构：框架 + 剪力墙

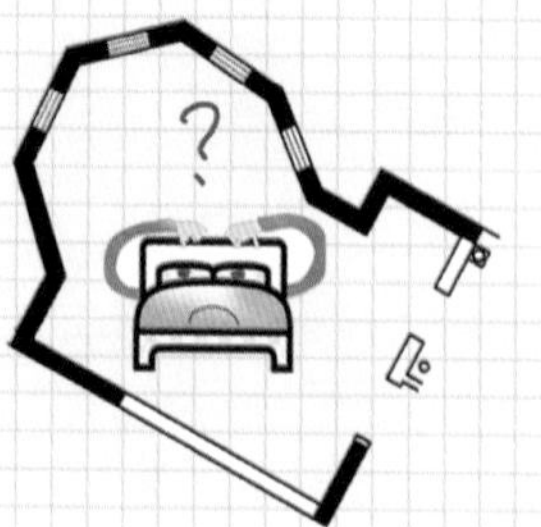

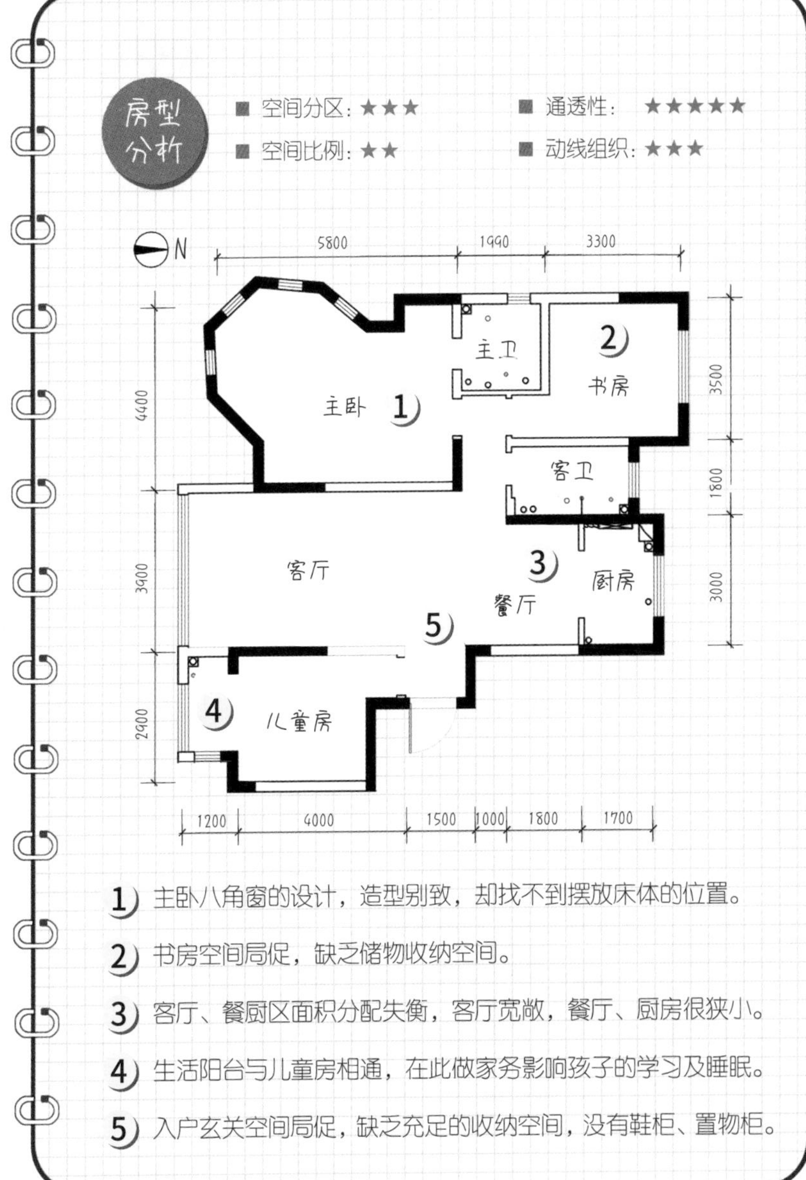

1) 主卧八角窗的设计，造型别致，却找不到摆放床体的位置。

2) 书房空间局促，缺乏储物收纳空间。

3) 客厅、餐厨区面积分配失衡，客厅宽敞，餐厅、厨房很狭小。

4) 生活阳台与儿童房相通，在此做家务影响孩子的学习及睡眠。

5) 入户玄关空间局促，缺乏充足的收纳空间，没有鞋柜、置物柜。

设计思路

■ 意料之外、情理之中——在文学作品中，这样的情节设置更能吸引众多的读者。在家居的规划设计中，用心的设计往往也会让人产生这样的感觉。

■ 在设计工作中，需要打破思想的禁锢及过多的条条框框，才能做出优秀的作品。

■ 现代家庭的生活习惯与以前相比，已悄然发生变化。人们不再必须拥有大客厅来会客，看电视也不再是家庭唯一的娱乐项目。人们的娱乐方式更加多元化，追剧更习惯使用平板电脑，利用互联网获取更多的资讯。

■ 现代家庭对学习也越来越重视。本案例的委托人也明确表示，希望家中有一个开放的学习空间，一家人可以在一起看书、学习、上网、听音乐、聊天。

■ 在本案中带有八角窗的房间，空间灵动、采光充足，但紧连客厅，不合适作卧室，改变思路用作他用，似乎更恰当。

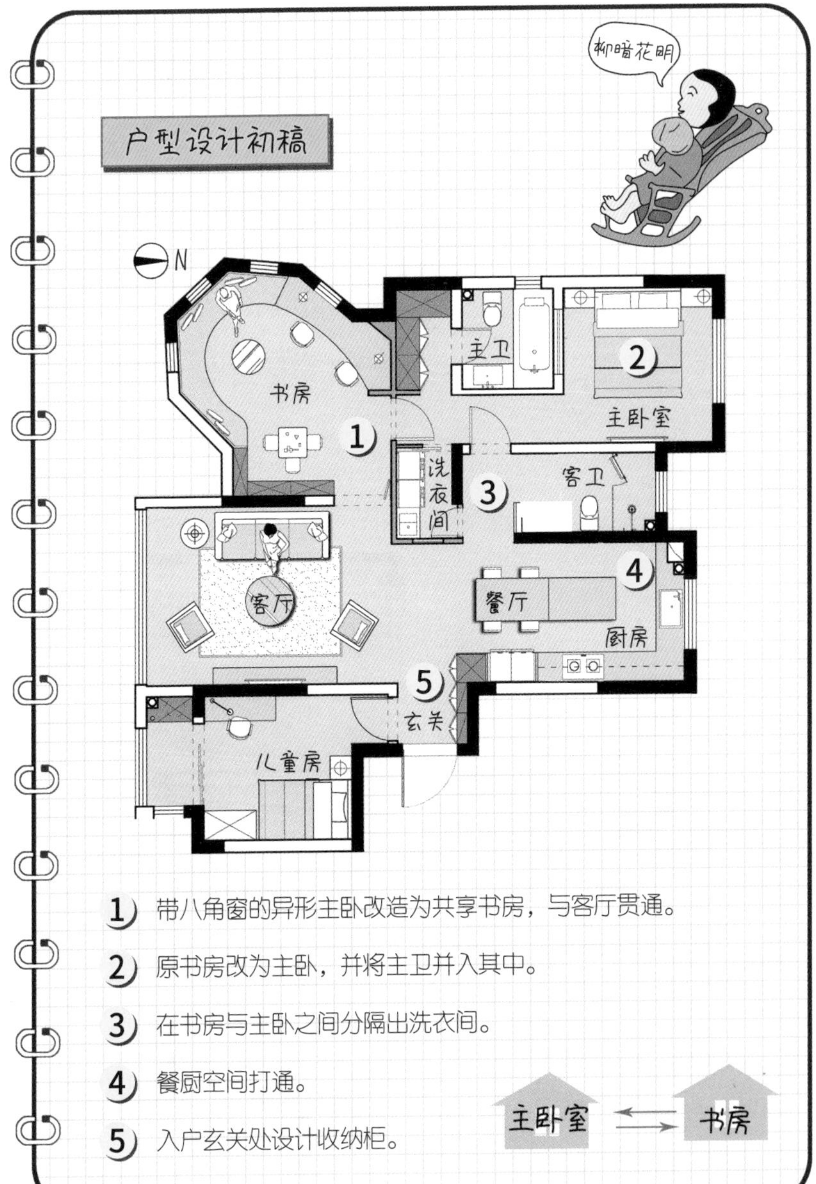

1) 带八角窗的异形主卧改造为共享书房，与客厅贯通。

2) 原书房改为主卧，并将主卫并入其中。

3) 在书房与主卧之间分隔出洗衣间。

4) 餐厨空间打通。

5) 入户玄关处设计收纳柜。

方案讨论 信息反馈

满意之处

1. 委托人对主卧和书房位置互调及八角卡座的设计非常喜欢。
2. 独立的洗衣间可避免做家务时干扰孩子学习和休息。

需要调整之处

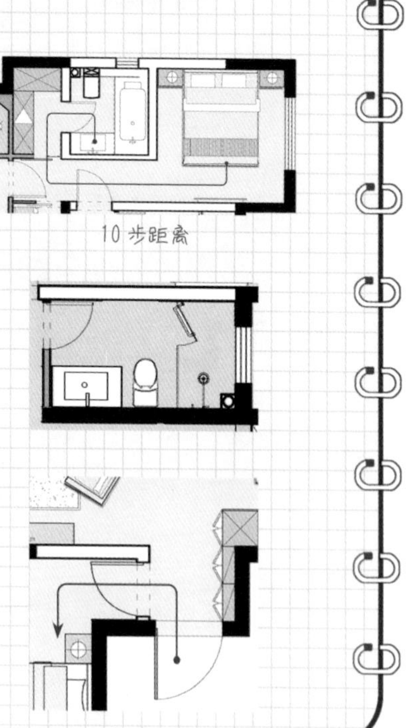

1. 原书房改为主卧，睡眠区与主卫距离较远。业主担心起夜不方便，经过设计方测算，床体距离坐便器约 10 步之遥，确实存在距离过远的问题，需要调整。
2. 希望客卫能做到干湿分离。
3. 儿童房门距离入户门过近，容易干扰孩子休息，心理上也容易产生不安全感。

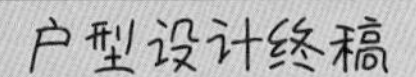

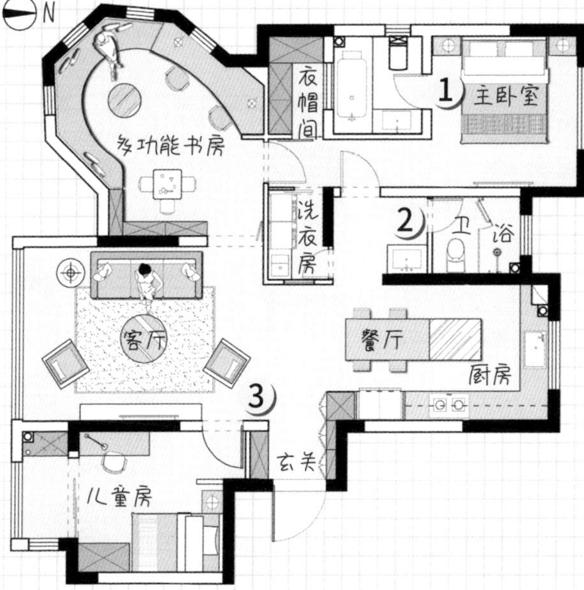

1) 应委托人要求，对主卫布局进行调整，门朝睡眠区开启。让睡眠区与主卫区之间的距离大大缩短，夜晚使用更加方便。

2) 对客卫布局进行调整，将盥洗区独立出来，形成干湿分离的格局。

3) 儿童房门朝向客厅开启，拉长了与入户门的距离，在原门洞位置设计玄关柜，增强了家庭储藏收纳的能力。

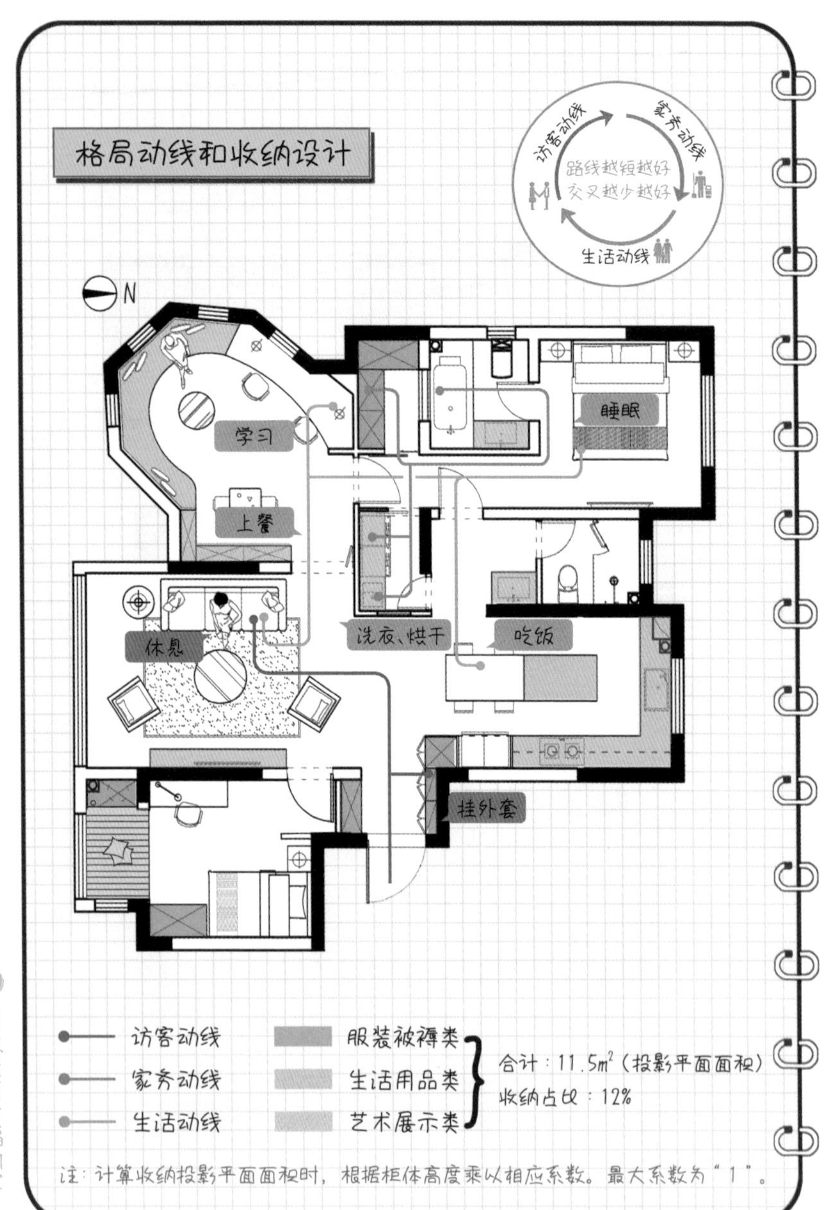
格局动线和收纳设计
访客动线
家务动线
生活动线
路线越短越好
交叉越少越好
N
学习
上餐
睡眠
休息
洗衣、烘干
吃饭
挂外套
访客动线
家务动线
生活动线
服装被褥类
生活用品类
艺术展示类
合计：11.5m²（投影平面面积）
收纳占比：12%
注：计算收纳投影平面面积时，根据柜体高度乘以相应系数。最大系数为“1”。

设计细节之主卧室

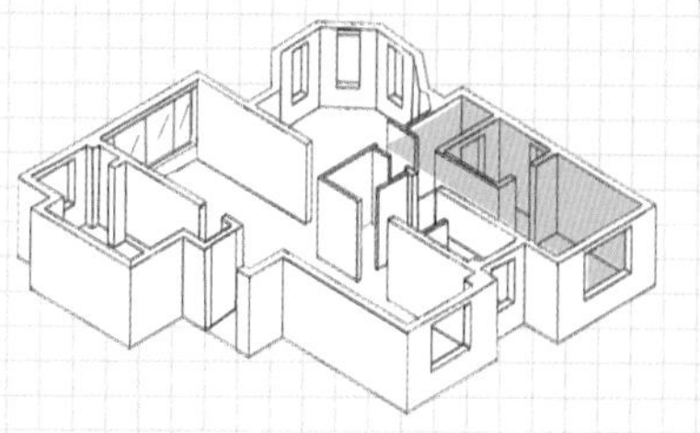

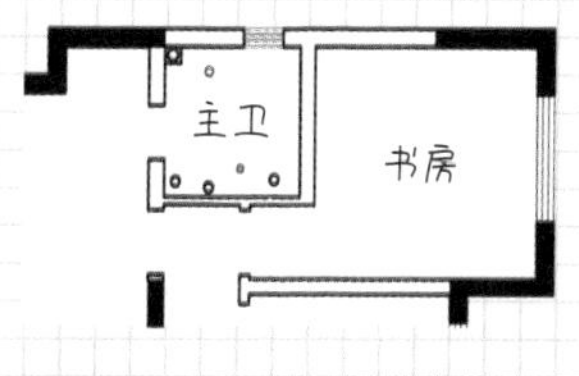

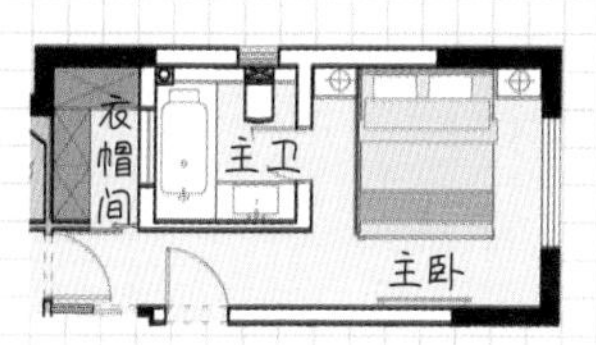

- 将原书房改造为主卧室，并配备了独立的衣帽间。改造后的主卧和八角多功能书房之间也设计了门洞。这样的布局，可以分别由书房或客厅进入主卧室，从而实现动线洄游。
- 对主卫也进行了布局调整。原门洞设置为玻璃隔墙，为衣帽间引进光源。新开的门洞朝向睡眠区，使用更加便捷，并在主卫增设了浴缸。

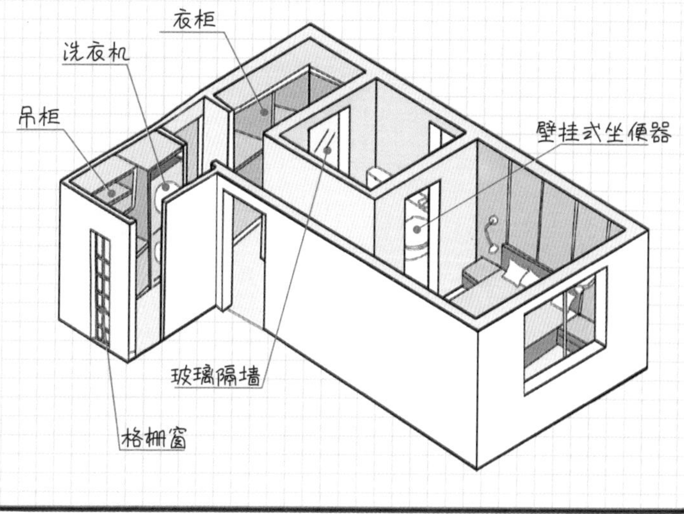

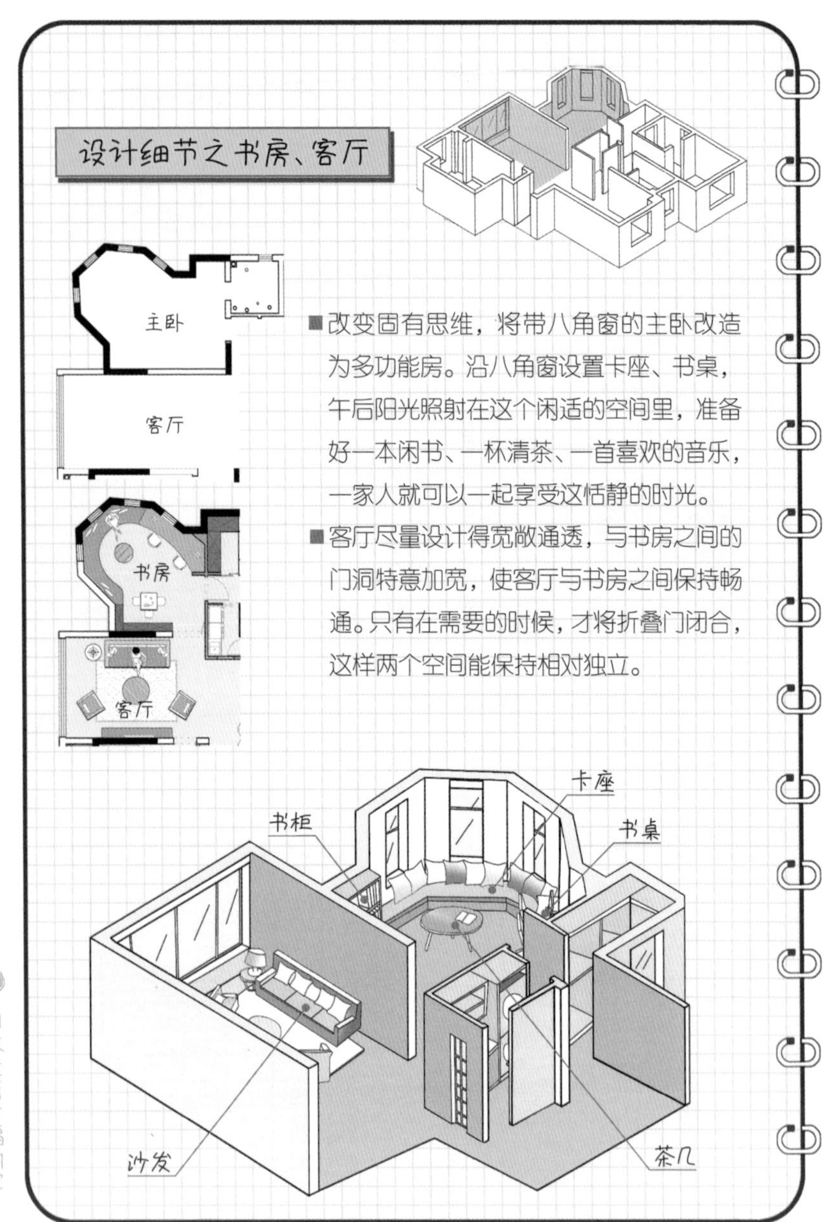

■改变固有思维，将带八角窗的主卧改造为多功能房。沿八角窗设置卡座、书桌，午后阳光照射在这个闲适的空间里，准备好一本闲书、一杯清茶、一首喜欢的音乐，一家人就可以一起享受这恬静的时光。

■客厅尽量设计得宽敞通透，与书房之间的门洞特意加宽，使客厅与书房之间保持畅通。只有在需要的时候，才将折叠门闭合，这样两个空间能保持相对独立。

设计细节之洗衣间、儿童房

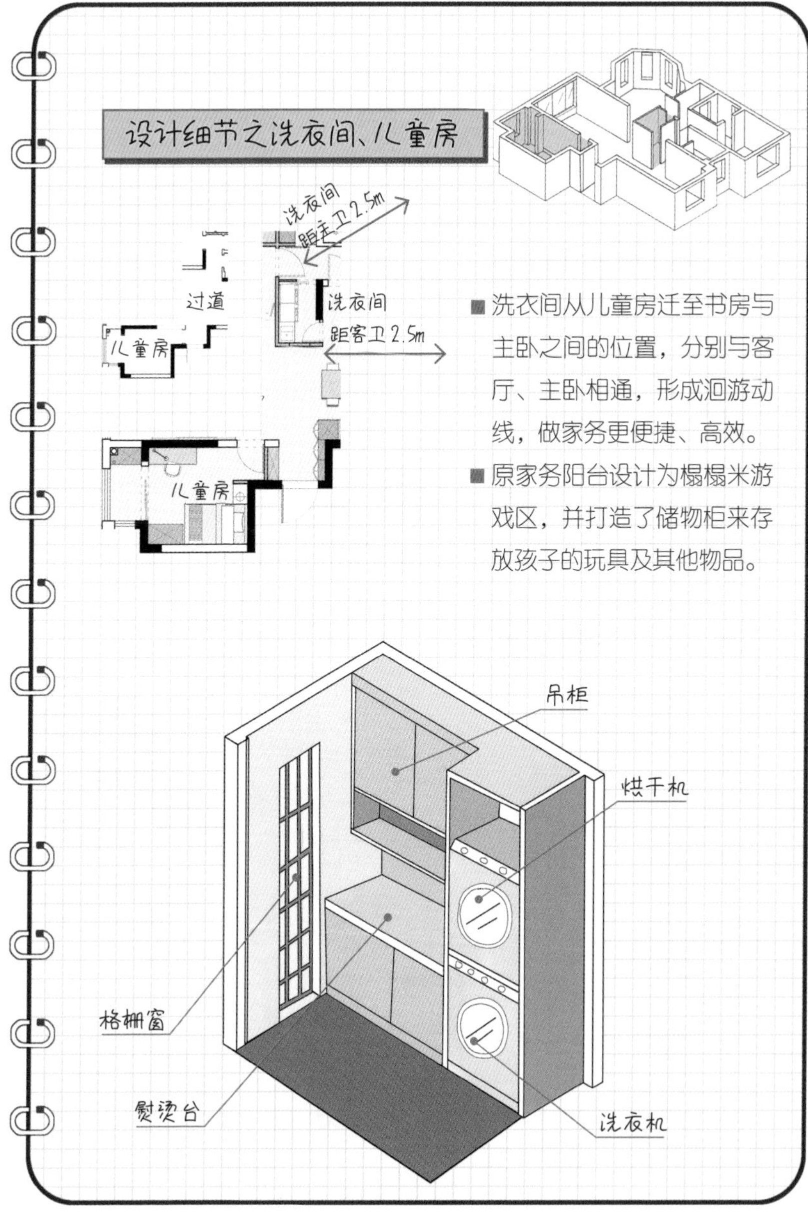

- 洗衣间从儿童房迁至书房与主卧之间的位置，分别与客厅、主卧相通，形成洄游动线，做家务更便捷、高效。
- 原家务阳台设计为榻榻米游戏区，并打造了储物柜来存放孩子的玩具及其他物品。

设计细节之餐厨区

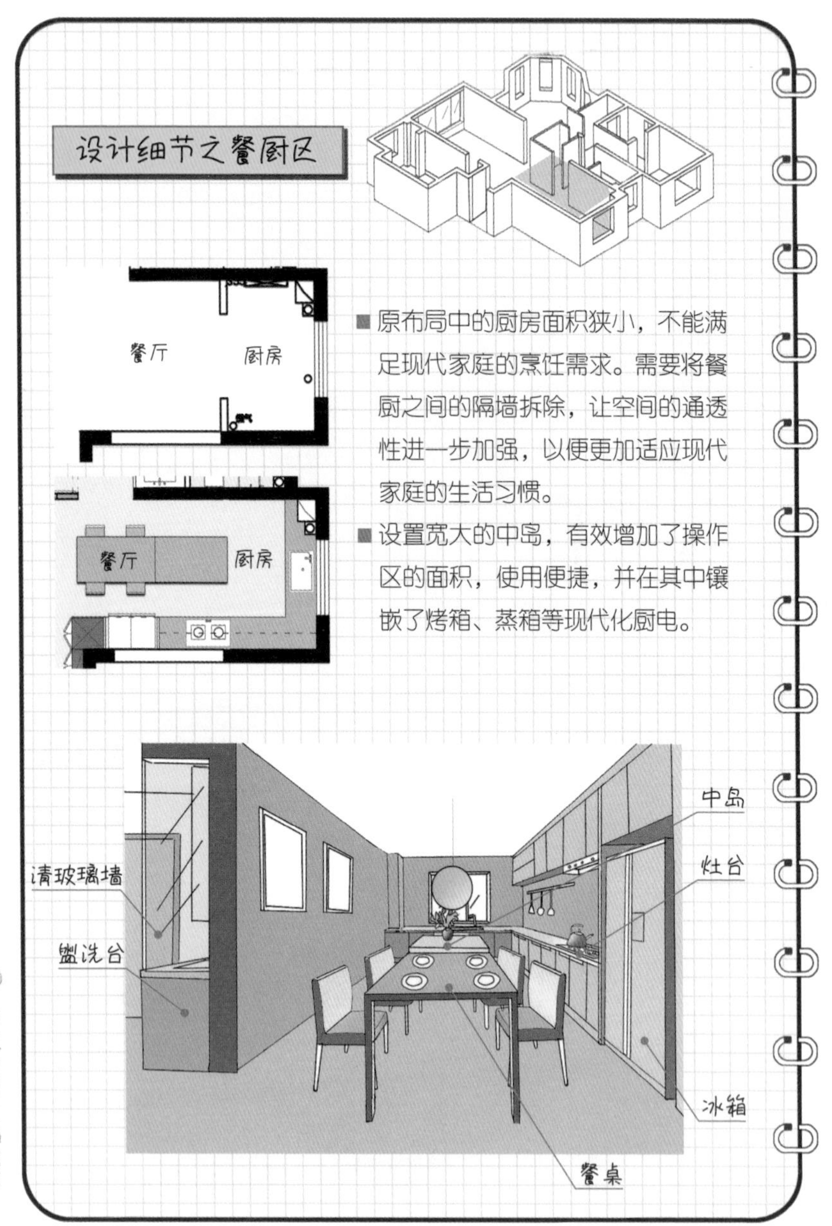

■ 原布局中的厨房面积狭小，不能满足现代家庭的烹饪需求。需要将餐厨之间的隔墙拆除，让空间的通透性进一步加强，以便更加适应现代家庭的生活习惯。

■ 设置宽大的中岛，有效增加了操作区的面积，使用便捷，并在其中镶嵌了烤箱、蒸箱等现代化厨电。

设计细节之玄关区

调整儿童房门洞位置，使之朝向客厅开启，使得房间布局更紧凑，也让家庭获得完整的玄关墙。因地制宜在入户空间两侧，打造出厚薄不一的收纳柜，以满足玄关储物的需求。

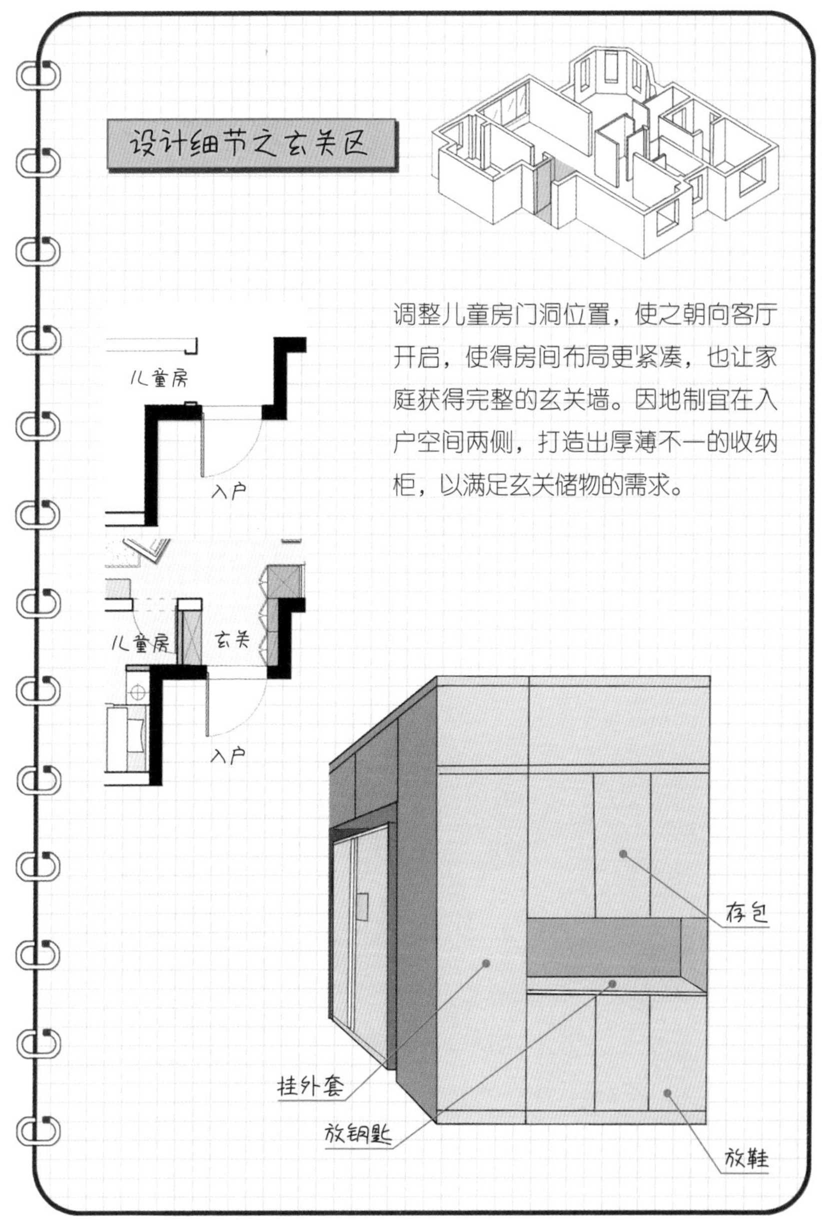

格局鸟瞰 居住体验

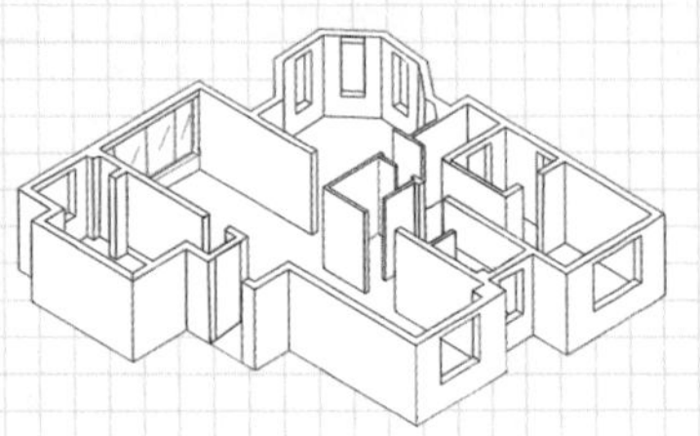

经过大刀阔斧的改造，房间格局变得更加合理。空间的比例、房间的通风采光、物品的储存收纳功能都得到极大的提升。

在动线组织上，书房与主卧室、客厅，家务间与主卧室都形成了洄游动线。在书房工作完可直接回到卧室休息，在卫生间洗完澡可便捷地到洗衣间洗涤衣物，有效地降低了家务劳动的强度。

八角书房的设计给了委托人最大的惊喜，满足了他们渴求拥有一个舒适的读书环境的愿望。在饭后闲暇之余，一家人相聚在此，一起看书、听音乐，给孩子辅导功课，共享天伦之乐。

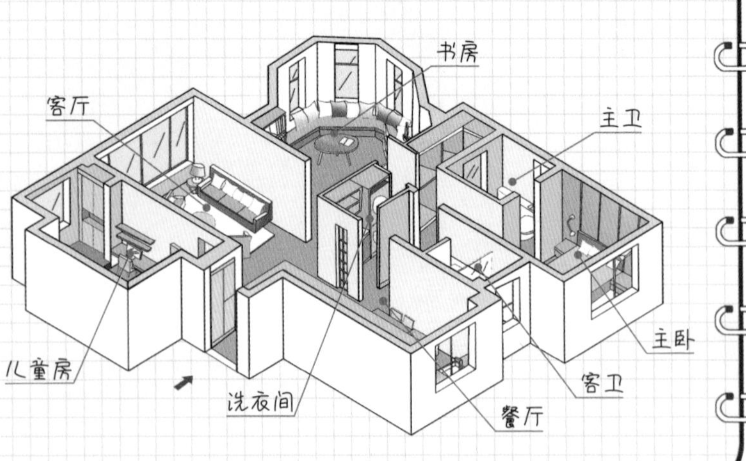

知识加油站

■ 洄游动线

动线，是建筑与室内设计的用语之一。意指人在室内室外移动的点，连起来形成的线，也可以理解为人们在家里活动的轨迹。合理的动线布局，能提高家庭生活品质，能让家务事半功倍。洄游动线就是利用环形回路，对空间进行串联。减少空间死角，使空间变得更加连贯，而且富有层次感。

■ 通透性

通透性是指房子的采光和通风的性能。采光关系到室内的明暗，通风则关系到室内空气是否能自然流通。

自然采光良好的住宅可以节约能源，使人心情舒畅，否则长期生活在昏暗之中，依靠人工照明，对人的身心健康十分不利。

通风就是使风没有阻碍，可以穿过、到达房间或密封的环境内。通风可以置换室内的混浊空气，保持空气的清新度，增加空气含氧量，使人感到精神爽朗。

通透性欠佳的住宅常出现以下问题：

1. 仅有前后采光，中间阴暗；
2. 单面采光，对流不畅；
3. 暗房，完全依赖人工照明；
4. 通透性与私密性冲突。

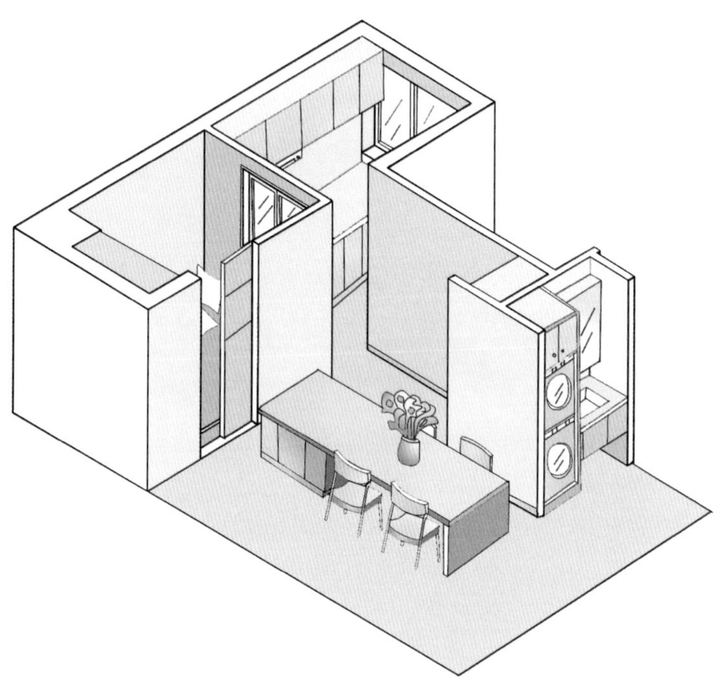

迎接二胎两室变三室的家

委托人：H 夫妇 + 女儿 + 儿子

核心诉求：增加卧室，让两个孩子都有自己专属的儿童房

- H 先生：政府公务员
- H 太太：事业单位职工
- 女　儿：小学五年级
- 儿　子：幼儿园中班

H 夫妇都在机关单位上班，工作稳定、家庭幸福。由于买房时只有一个女儿，所以选择了一套两居室。后来 H 夫妇有了小儿子，高兴之余便有了新的烦恼：只有两个卧室，不够四口之家使用。最好新增一间卧室，但在这紧凑的两居室中，再隔出一间卧室能好住吗？会不会影响通风、采光呢？

对户型的不满

- 卧室数量不够用。
- 卫生间洗澡不方便。

对设计的期望

- 增加一间卧室。
- 改善洗澡条件。
- 充足的储物空间。

房屋信息

- 房屋状况：毛坯新房
- 户型结构：两室两厅
- 建筑面积：85m²
- 建筑结构：框架结构

房型分析

- 空间分区：★★★
- 通透性： ★★
- 空间比例：★★★
- 动线组织：★★

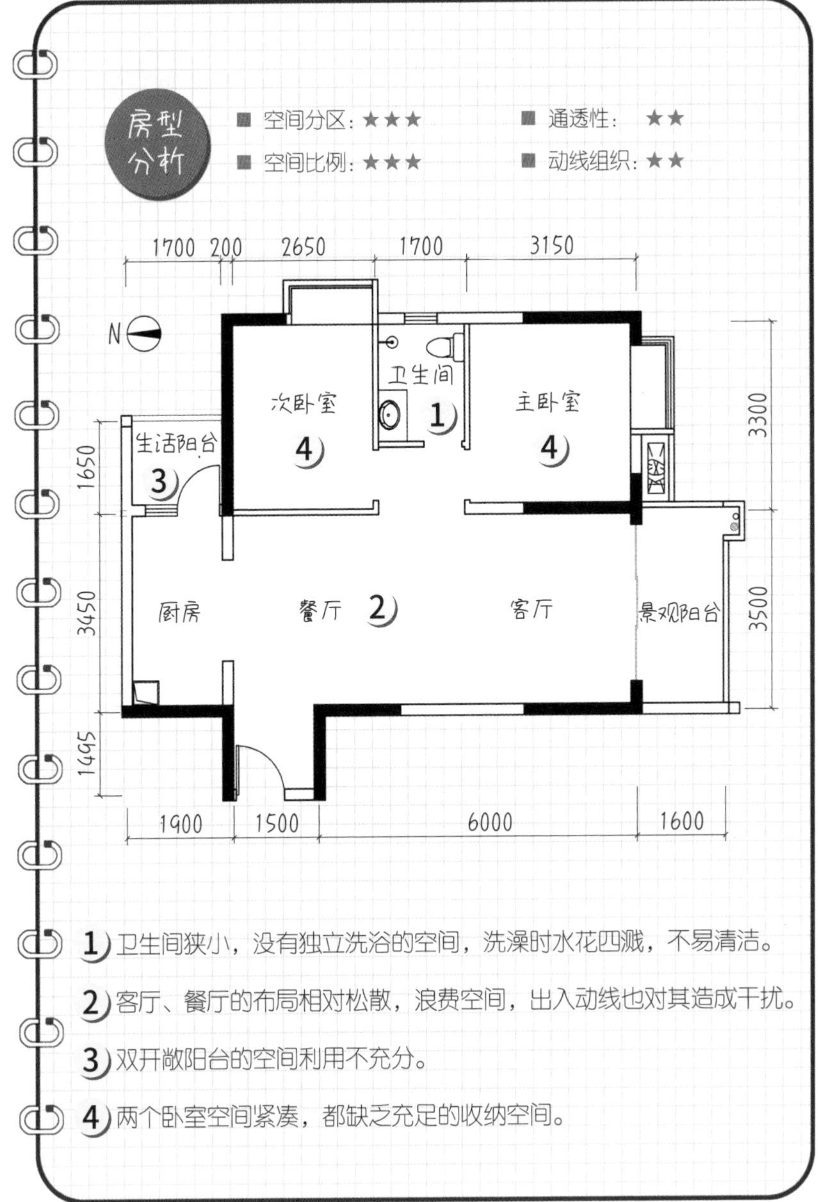

1) 卫生间狭小，没有独立洗浴的空间，洗澡时水花四溅，不易清洁。

2) 客厅、餐厅的布局相对松散，浪费空间，出入动线也对其造成干扰。

3) 双开敞阳台的空间利用不充分。

4) 两个卧室空间紧凑，都缺乏充足的收纳空间。

设计思路

- 地处广东的城市家庭，洗澡冲凉是每天必须做的事情，但这个卫生间的布置实在糟糕，坐便器、面盆、花洒都挤在一块，使用起来肯定会很不方便，徒增许多清洁卫生的烦恼。
- 家居改造做减法容易，但凭空增加一个房间存在困难。如果增加房间使家中的通风、采光受到很大的影响，将得不偿失。增加房间应避免影响住宅的通透性及居住感受。
- 一般北方的住宅为了室内的保温，都需要对阳台进行封闭。但南方地区的阳台一般都习惯采用开敞式，用来观景。因此，这两个阳台只保留观景阳台，紧邻厨房的小阳台则可以充分利用。
- 南方的住宅相比于北方的住宅，具有很多优势。南方住宅卫生间的排水设置一般都是同层排水，洁具位置调整很方便。厨卫中也没有过多的下水立管，这对空间的使用很有利。

户型设计初稿

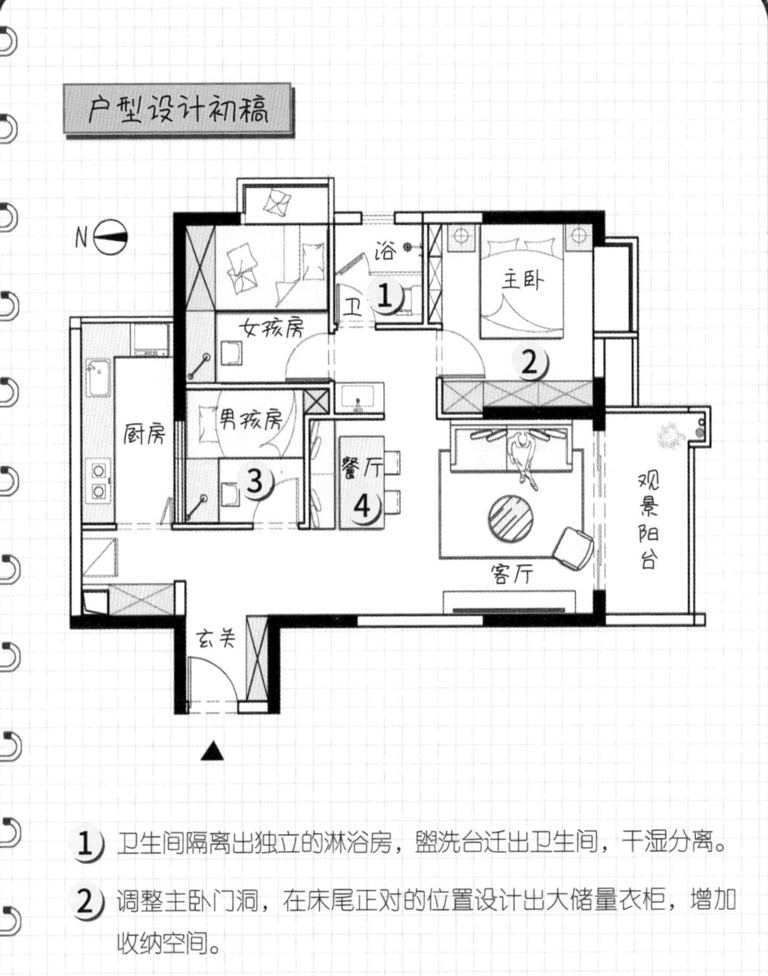

1. 卫生间隔离出独立的淋浴房，盥洗台迁出卫生间，干湿分离。
2. 调整主卧门洞，在床尾正对的位置设计出大储量衣柜，增加收纳空间。
3. 利用原餐区及次卧局部空间，隔出一间新的卧室。在其与厨房之间的隔墙上开设窗户，为房间引入自然光。
4. 充分利用空间，设置出卡座就餐区，供一家四口在此用餐。

初稿方案设计细节

- 利用餐厅及次卧的局部空间作为男孩房，满足委托人拥有三间卧室的需求。
- 厨房与小阳台空间打通，改善其通透性，并让自然光线穿过，抵达新增的男孩房，保证其正常的采光、通风。男孩房的衣柜外迁至厨房门正对面。

方案讨论 信息反馈

满意之处

1. 儿子有了自己专属的卧室，通透性良好，大家都很开心。
2. 卫生间分离设计，解决了洗澡的麻烦，没有了后顾之忧。
3. 主卧室有了一个大储量的衣柜，女主人非常满意。
4. 两个儿童房都有各自的衣柜，满足了孩子的储物需求。

需要调整之处

1. 客餐厅空间被压缩，居住起来会感觉比较局促。
2. 新增的小卧室，虽然开设内窗，利用厨房来采光，但窗户不能直面外界光源，担心采光性能要大打折扣。

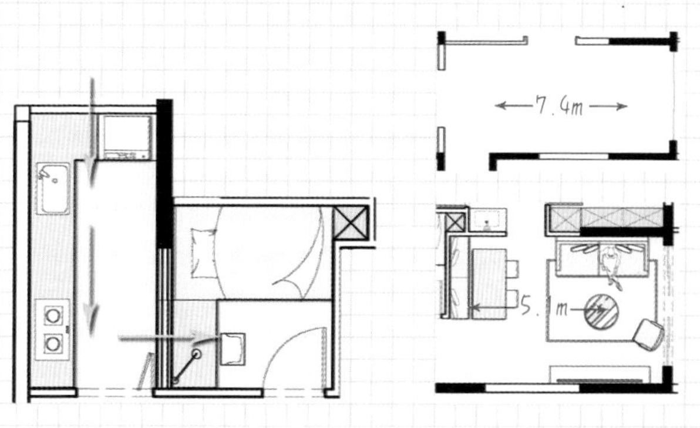

1 原厨房局部改造为男孩房，原生活阳台改造为厨房区，在中间的隔墙上开设窗户，直面外窗，更加便于引入外界的自然光。

2 新厨房为中式厨房，餐区与餐桌连为一体的中岛为西橱区。

3 卫生间保留设计初稿的思路，隔出淋浴间，干湿分离。

4 在盥洗区侧面放置洗衣机和烘干机，晾衣物也可在阳台进行。

5 原有的两间卧室利用门洞调整后的空间，设置衣物收纳柜。

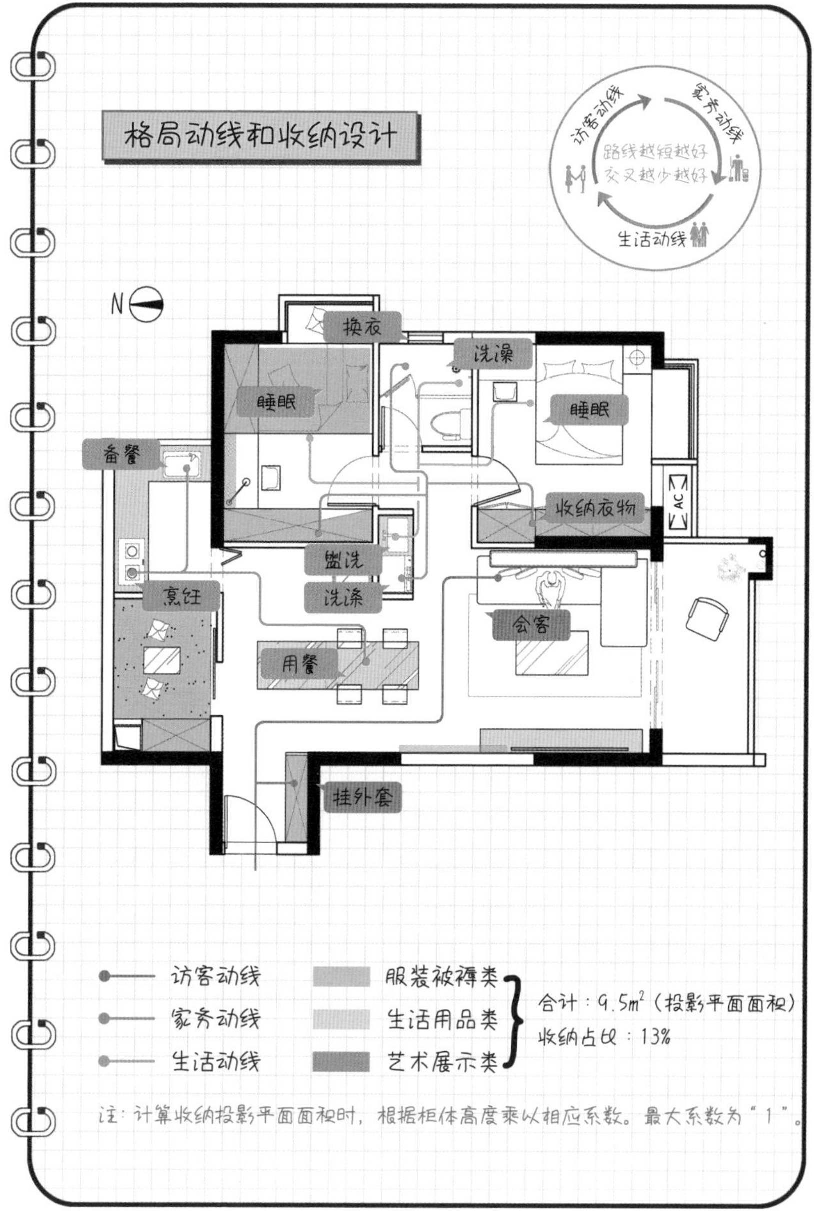
格局动线和收纳设计
访客动线
家务动线
生活动线
路线越短越好
交叉越少越好
N
换衣
洗澡
睡眠
睡眠
备餐
收纳衣物
AC
盥洗
洗涤
烹饪
会客
用餐
挂外套
访客动线
家务动线
生活动线
服装被褥类
生活用品类
艺术展示类
合计：9.5m²（投影平面面积）
收纳占比：13%
注：计算收纳投影平面面积时，根据柜体高度乘以相应系数。最大系数为“1”。

设计细节之男孩房、厨房

- 将原厨房与生活阳台打通，对整个空间进行重新划分。
- 将原厨房局部空间地面抬高，设计成榻榻米式的儿童房。将原生活阳台区域设置为厨房区。在两个空间的隔墙上设置内窗，让室外的自然光通过厨房照进男孩房，使之保持良好的通透性。

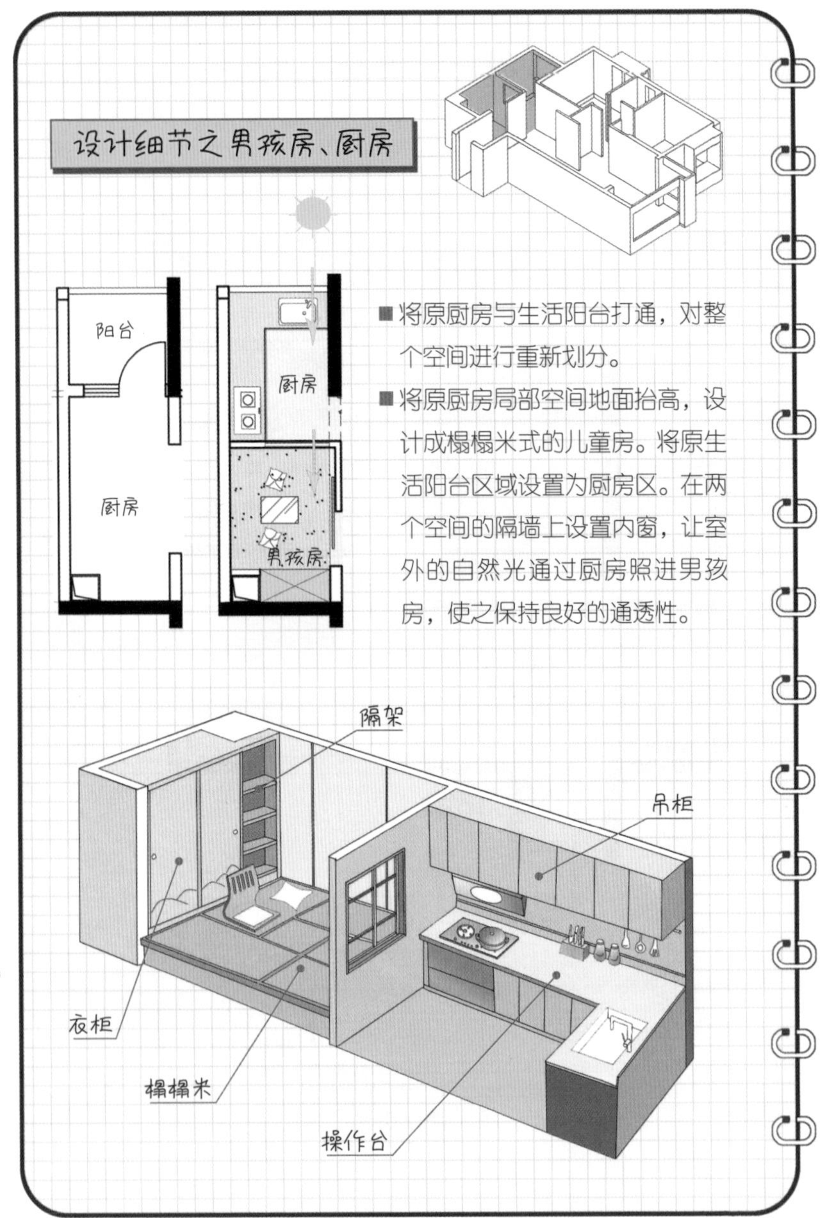

设计细节之客餐区

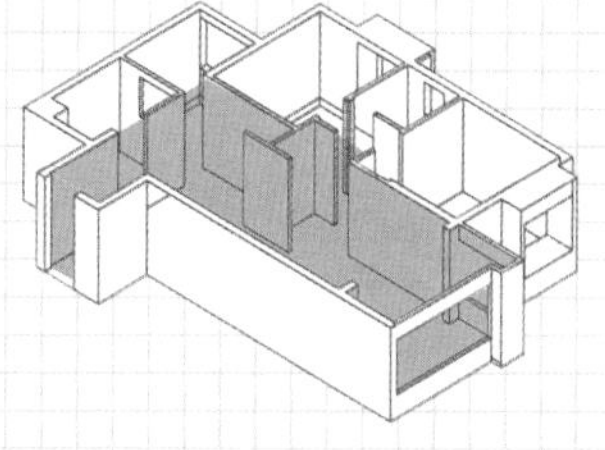

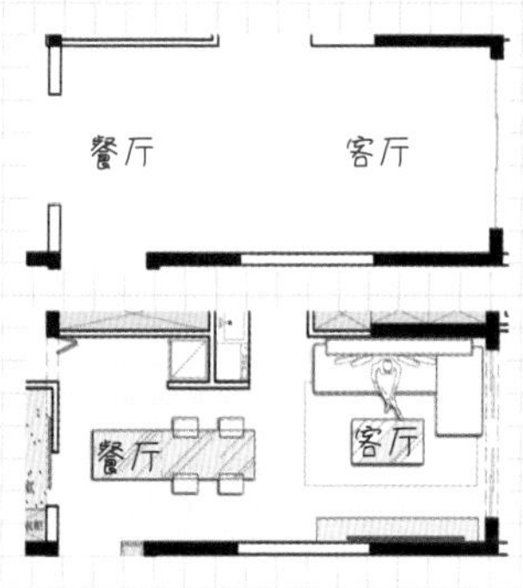

■ 新设置的厨房面积较小。于是将其设为中厨。再在餐区安置中岛，与餐桌连为一体，作为西橱区。冰箱安置在餐区，位于中西厨房之间，取用食材更方便。

■ 充分利用原客餐区与卧室之间的过道空间，将盥洗台与洗衣机、烘干机安置在此。客餐厅改造后仍然保持原来的宽敞流畅。

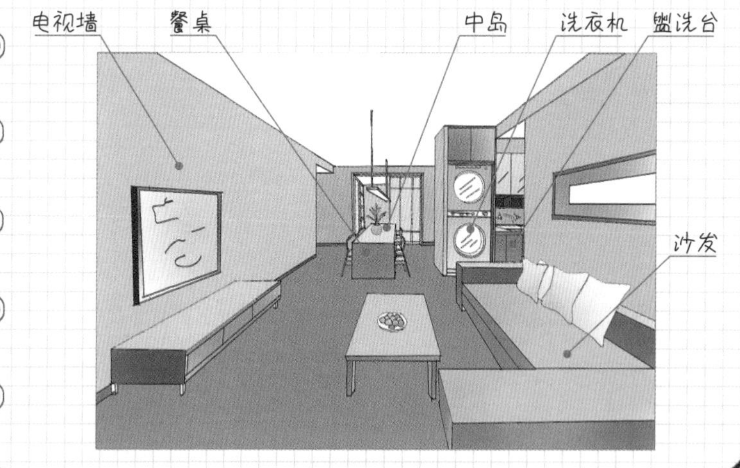

设计细节之卫生间

原卫生间，缺乏独立的洗浴空间，改造后用玻璃隔墙打造了一个淋浴间，实现了真正的干湿分离，坐便器和花洒的位置也进行了布局优化。盥洗台外迁至过道区。

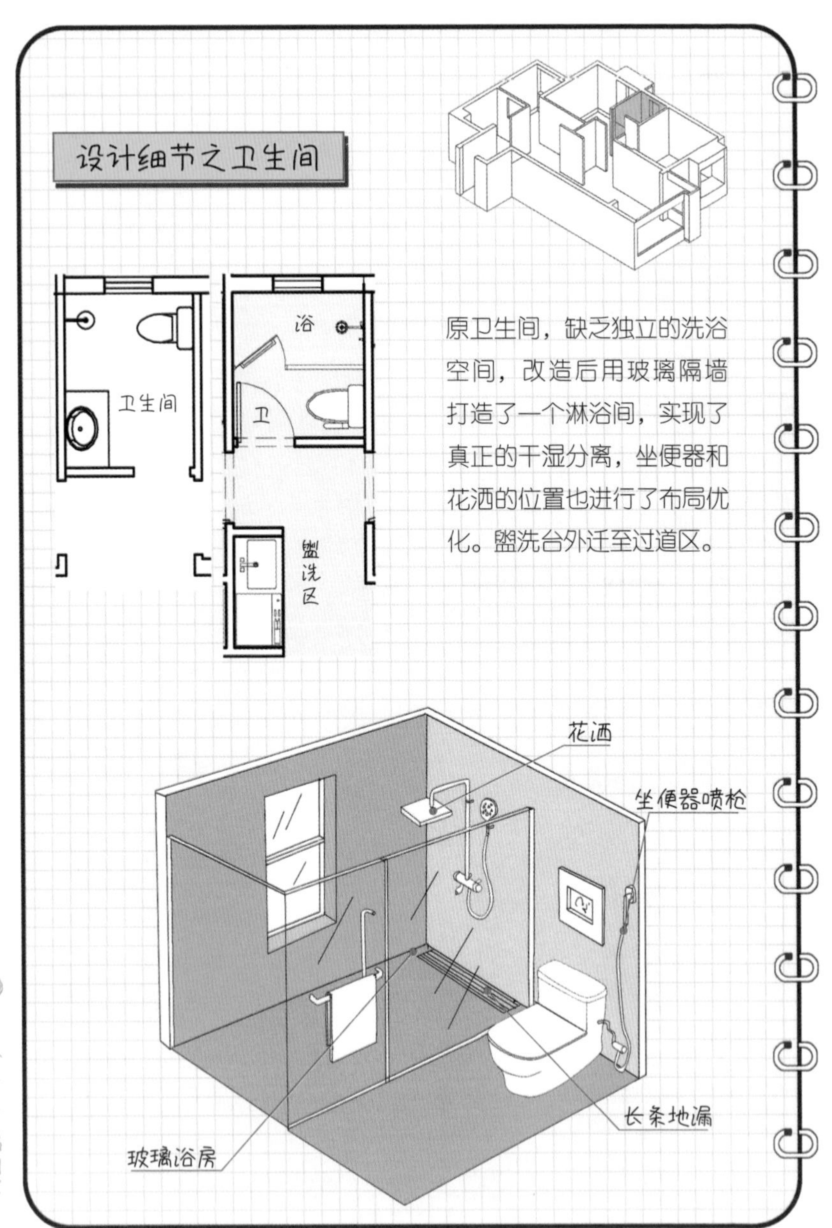

设计细节之女儿房

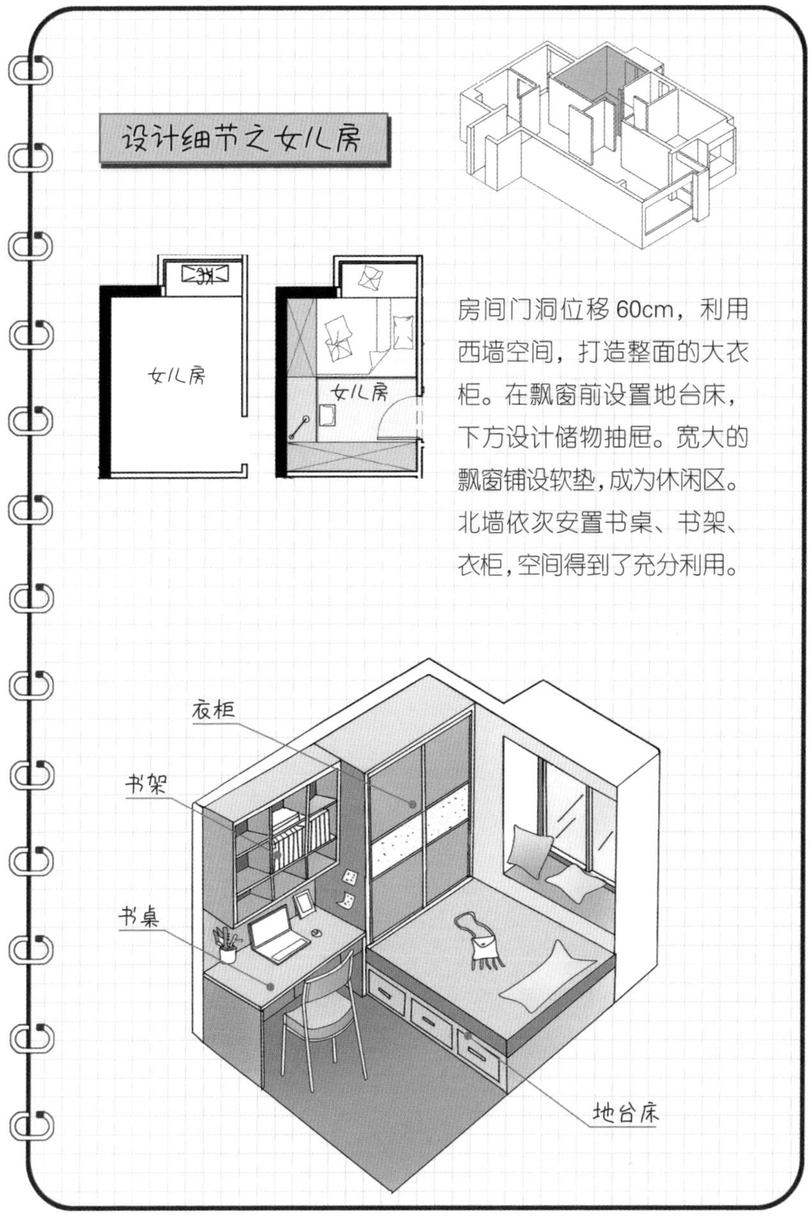

房间门洞位移 60cm，利用西墙空间，打造整面的大衣柜。在飘窗前设置地台床，下方设计储物抽屉。宽大的飘窗铺设软垫，成为休闲区。北墙依次安置书桌、书架、衣柜，空间得到了充分利用。

格局鸟瞰 居住体验

委托人对先后设计的两个方案都很喜欢，一时难以取舍，两稿设计各有闪光点及不足之处。初稿厨房宽大，日常烹饪工作轻松，但新建的卧室挤占了用餐空间，使客餐区感觉拥挤。二稿客餐区依旧保持贯通，但新建的男孩房挤占了厨房空间，使新厨房空间狭小，不得不在餐区设置西厨。但不管怎样，两稿都打造了独立带窗的男孩房，也使整个房子的空间得到充分利用。整体来说，最终设计增加了一间男孩房，卫生间干湿分离，主、次卧都有了充足的收纳空间，这让入住后的 H 先生一家四口生活得很惬意。

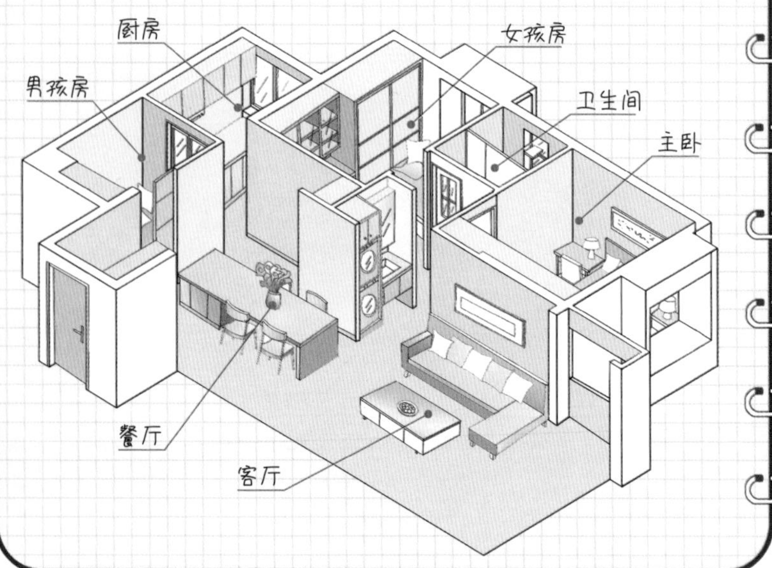

知识加油站

■ 同层排水

同层排水是卫生间排水系统中的一种新技术，是指同楼层的排水支管均不穿越楼板，在同楼层内连接到主排水管。如果发生需要清理疏通的情况，在本层套内即能够解决问题的一种排水方式。相对于传统的隔层排水处理方式，同层排水最根本的理念改变是通过本层内的管道合理布局，彻底摆脱了相邻楼层间的束缚，避免了由于排水横管侵占下层空间而造成的一系列麻烦和隐患，包括产权不明晰、噪声干扰、渗漏隐患、空间局限等。用户可自由布置卫生器具的位置，满足卫生洁具个性化的要求。

■ 隔层排水

隔层排水是指地漏、淋浴、小便、大便、盥洗盆、浴盆等排水支管安装在本层的地板，即下一层的顶板下的排水方式。优点是所有排水支管都可以安装存水弯，防止管道内的臭气进入室内。缺点是维修不便，需到下层住户家里维修；上层使用时，水流声对下层住户有影响；防水不好处理，易漏水；等等。

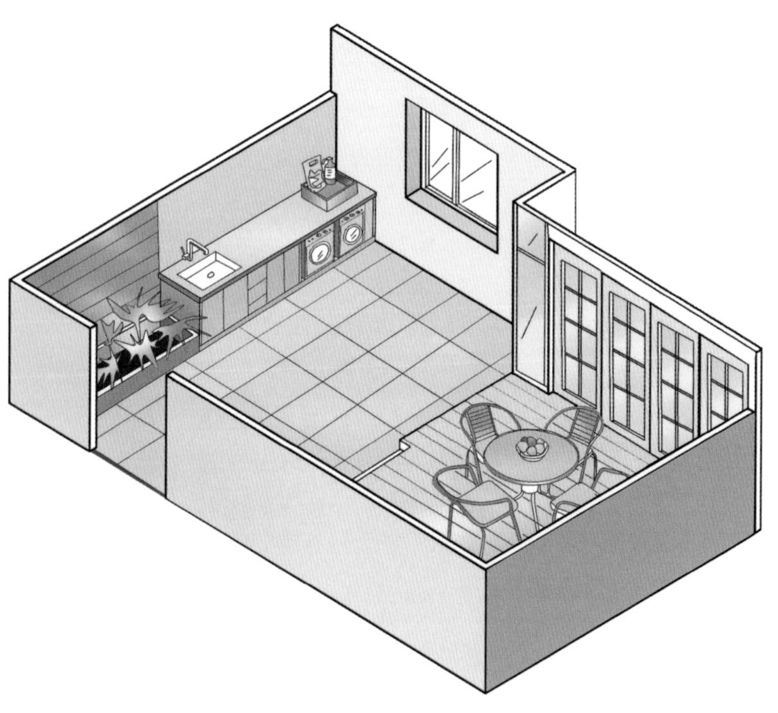

让老学区房焕然一新的家

委托人：Z 夫妇 + 双胞胎女儿

核心诉求：让每个空间都宽敞明亮起来

家庭档案

- Z 先生：高中老师
- Z 太太：医务工作者
- 双胞胎女儿：小学生

Z 先生一家四口，夫妻都有稳定的工作。一对可爱的双胞胎女儿在上小学。孩子们的小学教学质量还是挺好的，但对应的初中让 Z 先生不太满意。为了让两个女儿进入心仪的重点初中读书，Z 夫妇毅然卖掉原来宽敞舒适的房屋，买下了这套位于老城区的老、破、旧、小的学区房。突然从宽敞明亮的大房子，换到狭小、老旧的小房子，让他们全家都不太适应，于是他们迫切希望设计师帮他们对房屋进行调整，以便保持生活的便利性。

对户型的不满

- 现在的客厅采光不好，更像是一个过廊。
- 卫生间狭小、局促，洗澡都困难。

对设计的期望

- 拥有宽大明亮的公共空间。
- 希望卫生间洗浴便利。
- 希望充分利用室外的小院。

房屋信息

- 房屋状况：二手房
- 户型结构：三室一厅
- 建筑面积：85m^2
- 建筑结构：砖混结构

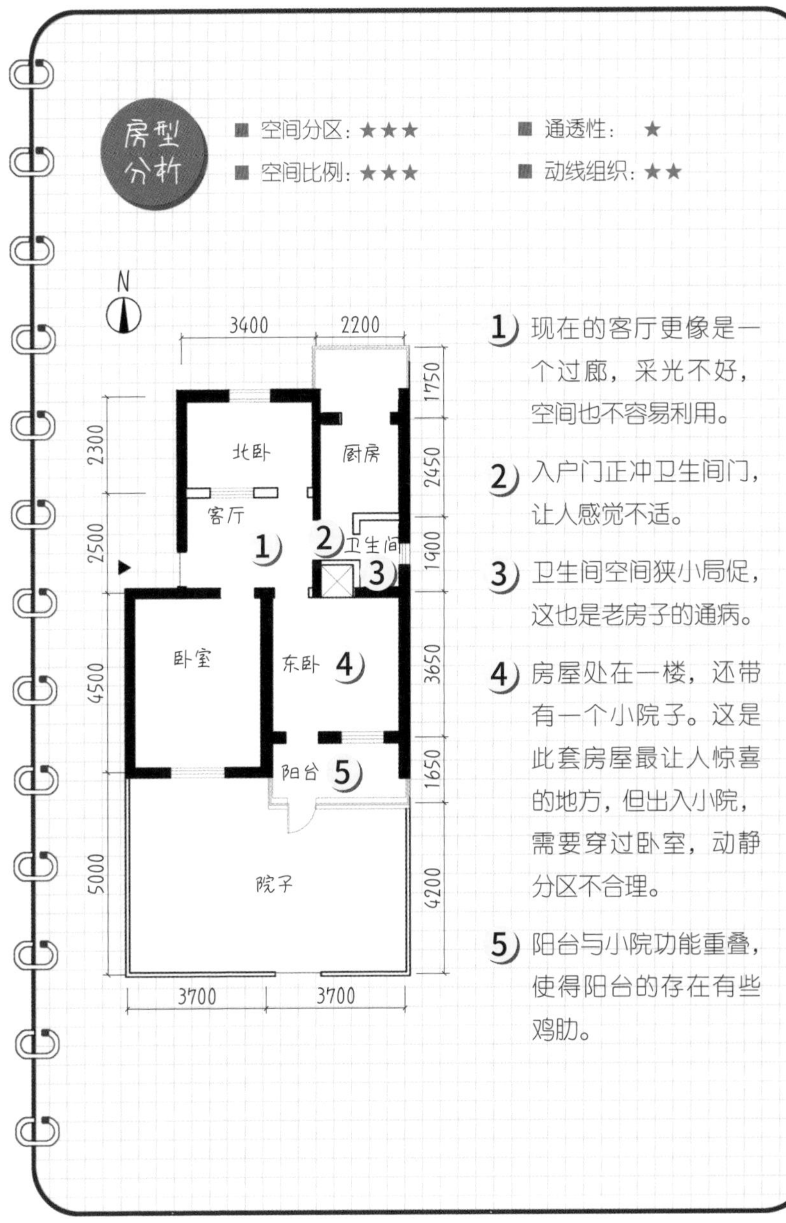

房型分析

- 空间分区：★★★
- 通透性：★
- 空间比例：★★★
- 动线组织：★★

1) 现在的客厅更像是一个过廊，采光不好，空间也不容易利用。

2) 入户门正冲卫生间门，让人感觉不适。

3) 卫生间空间狭小局促，这也是老房子的通病。

4) 房屋处在一楼，还带有一个小院子。这是此套房屋最让人惊喜的地方，但出入小院，需要穿过卧室，动静分区不合理。

5) 阳台与小院功能重叠，使得阳台的存在有些鸡肋。

设计思路

■ 房屋属于高龄老房，拥有那个时代特有的烙印。通透性差、客厅狭小、卫生间缺少独立洗澡空间等。这些缺陷都会影响居住体验，需要在设计改造中，逐一弥补。

■ 将原北卧室设计为全家人的活动中心——客厅。此空间连接厨卫区和小院，成为家庭交通枢纽。通往室外小院的门洞扩大，安装能完全打开的折叠门，让室内外完全贯通，空间格局也焕然一新。根据现代家庭的生活习惯，客餐区诸多功能合二为一，使用效率大为提高。

■ 为充分利用空间，考虑让两姐妹共用一个卧室。既节省空间，又能共同快乐成长，这个思路得到了委托家庭的认可。

■ 在繁华的都市中，拥有一个小院子是许多人的梦想。可以把洗衣区设置在此区域，以节省室内空间。同时对其进行绿化改造，打造成家人休闲的场所。

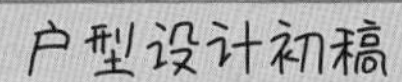

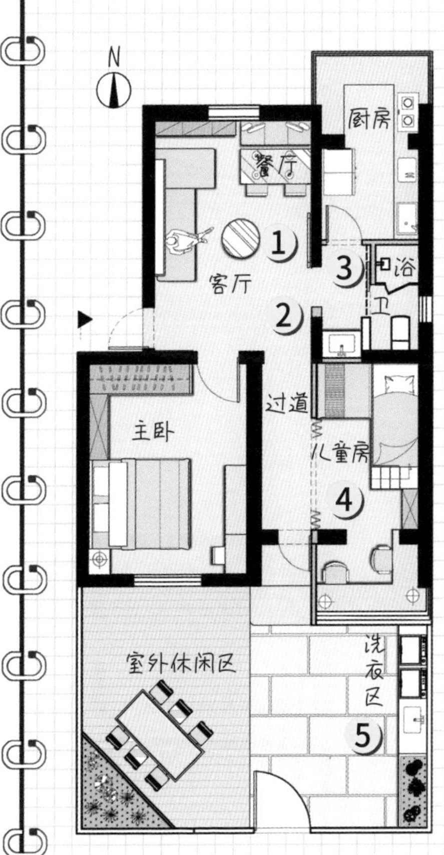

1. 拆除原客厅与北卧室的隔墙，改为客餐区域。
2. 延长入户正对的隔墙，作为入户端景墙。既有装饰性，又避免了入户门正冲卫生间门的尴尬。
3. 卫生间盥洗台外迁，北隔墙向外偏移，使坐便区与淋浴区更宽敞。
4. 东卧室改造为儿童房，利用隔墙和折叠门，分隔出通往室外小院的走廊，保持卧室的独立性。
5. 充分利用小院空间，在东墙设置洗衣区，在院子西部架高地面，摆放室外园林桌椅。

方案讨论 信息反馈

满意之处

1. 卫生间拥有独立的玻璃浴房，解决了家人洗澡的难题。盥洗台外迁，节约了空间，提高了使用率。
2. 拆除原客厅与北卧的隔墙，去除了家庭暗厅，让空间变得明亮、通透，入门不再有压抑的不适感。
3. 端景墙向北侧外延，让入户门不再直冲卫生间门。
4. 两个女儿的房间虽然空间有限，但功能齐全。

需要调整之处

1. 新改造后的客餐厅区域虽然光线充足，但空间狭小，使人感觉拥挤。
2. 为保持卧室的独立性，特意分隔出通往室外小院的走廊。挤占了女儿房的空间，也存在空间浪费现象。
3. 室外院子的入口正对着房间门，私密性不好。室外与室内存在高差，孩子们出入时容易绊倒。

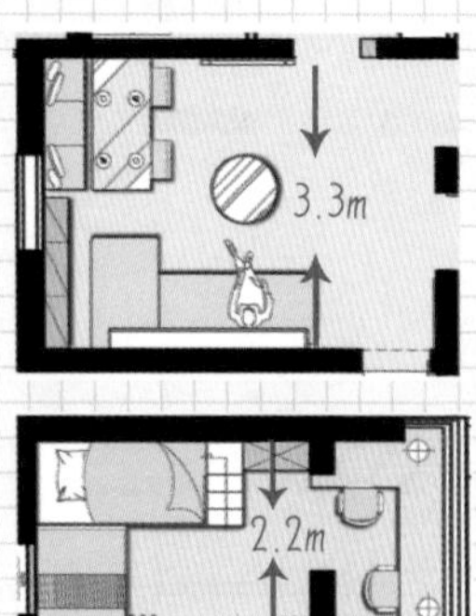

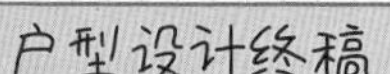

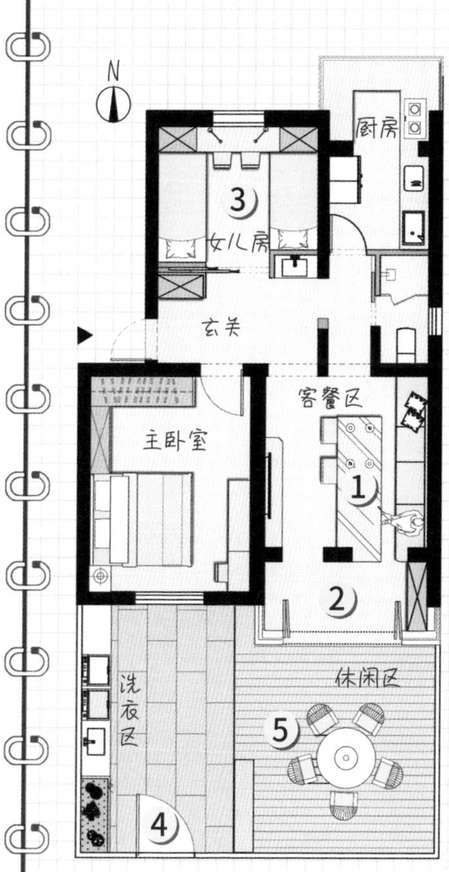

1. 将原东卧室改为客餐区。会客、就餐合二为一，使得空间更宽敞，也更符合现代家庭的生活习惯。

2. 原阳台与新设置的客厅之间贯通。将原通向小院的单扇门，改为能完全打开的折叠门。

3. 原北卧改造为儿童房，取消双层上下床的配置，平行摆放两张儿童床， 使用起来更方便。

4. 改动小院门的位置，避免其直冲客厅门，增加家庭的空间层次感。

5. 将小院东半部分地面架高，使之与室内地面持平，更安全。

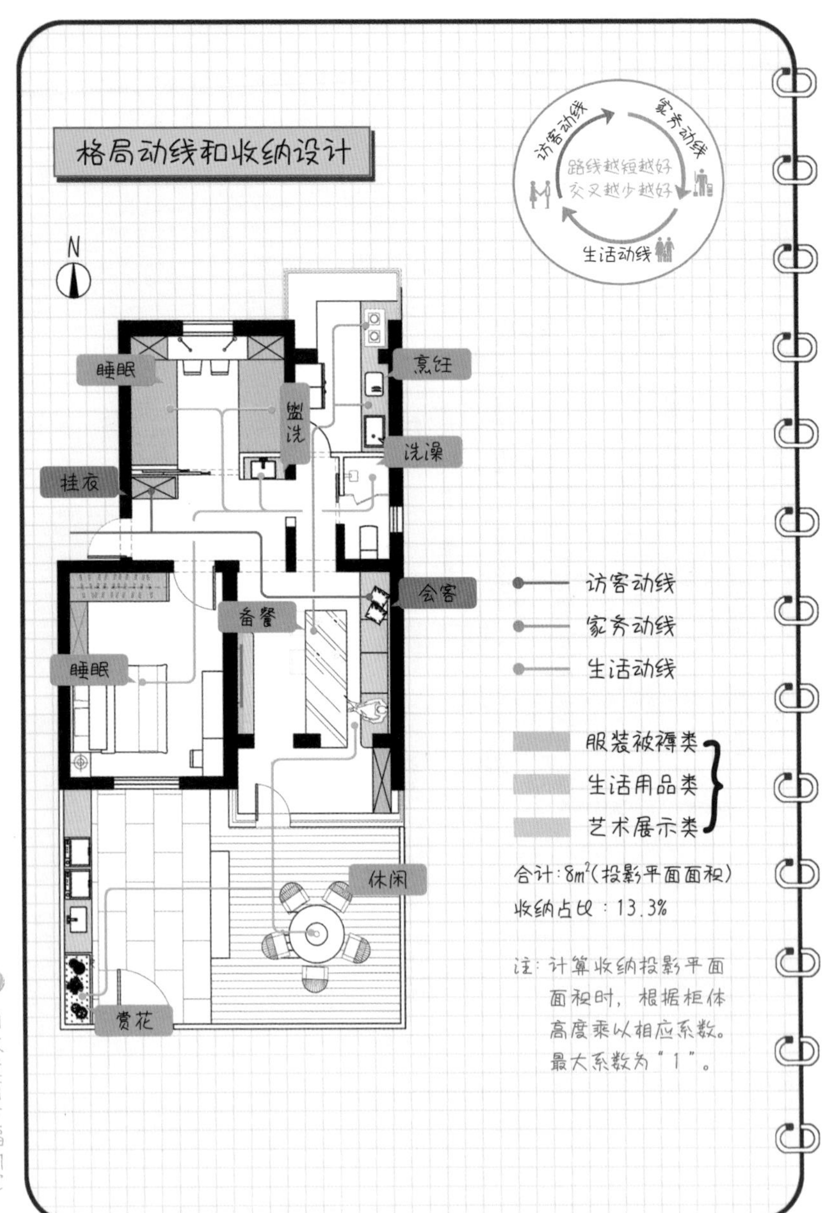
格局动线和收纳设计
访客动线
家务动线
生活动线
路线越短越好
交叉越少越好
N
睡眠
烹饪
盥洗
洗澡
挂衣
会客
备餐
睡眠
休闲
赏花
访客动线
家务动线
生活动线
服装被褥类
生活用品类
艺术展示类
合计：8m²（投影平面面积）
收纳占比：13.3%
注：计算收纳投影平面面积时，根据柜体高度乘以相应系数。最大系数为"1"。

设计细节之玄关、过道

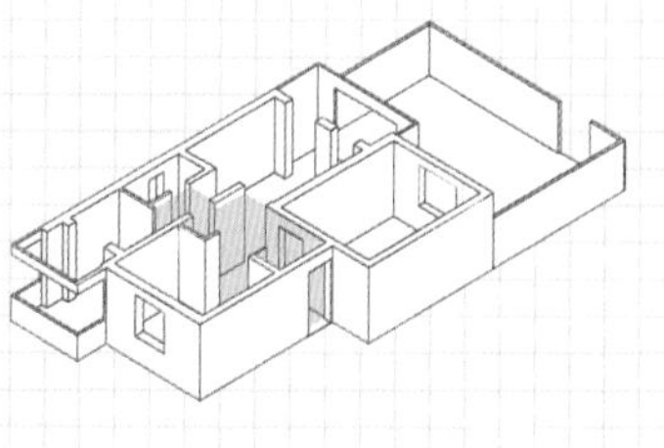

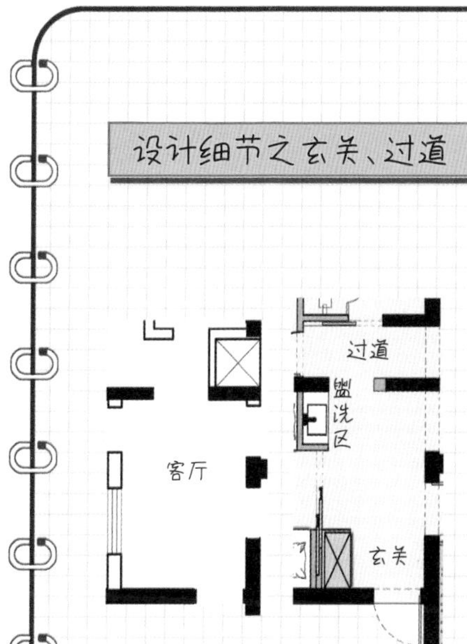

光线昏暗的小客厅改造为玄关区，入户左手处设计储物柜。女儿房门采用隐形滑动门设计，让室外自然光透进来。卫生间的盥洗区外迁至此处，使用便捷。端景墙加宽，使入户门与卫生间门错开。

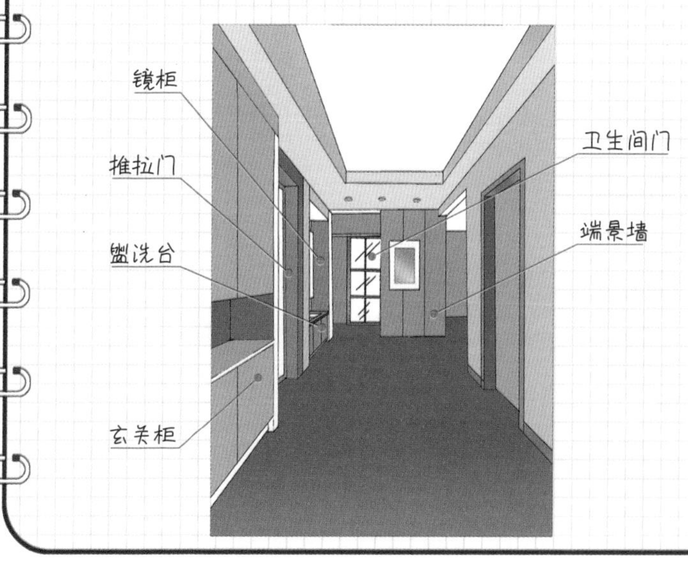

设计细节之女儿房

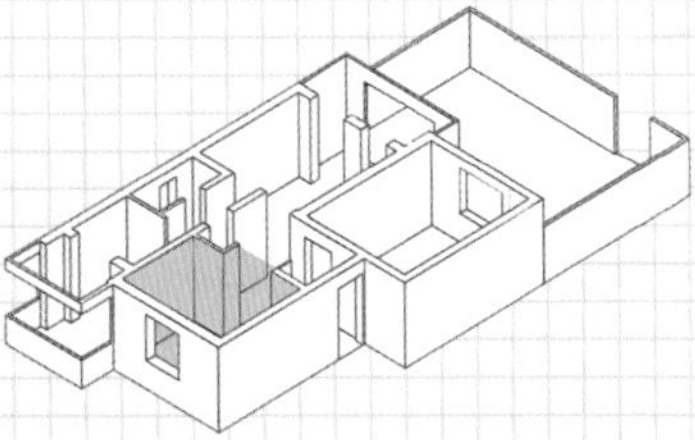

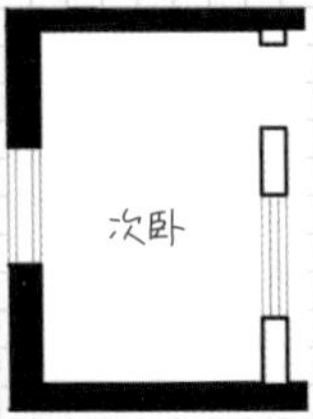

次卧

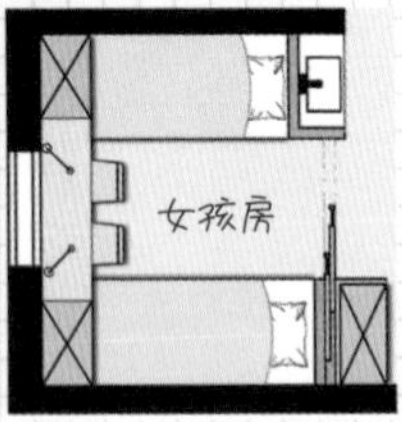

女孩房

北卧室改造为女儿房，给两姐妹使用。东西两侧摆放床体，储物柜设计在北侧床尾处。光线最佳的窗前摆放了 1.8m 长的书桌，便于姐妹俩在此读书、写作业。白天房间的滑动门隐于墙中，房间与过道融为一体，使得空间通透、宽敞。在夜晚或需要安静的学习环境时，拉出滑动门，形成闭合的私密空间。

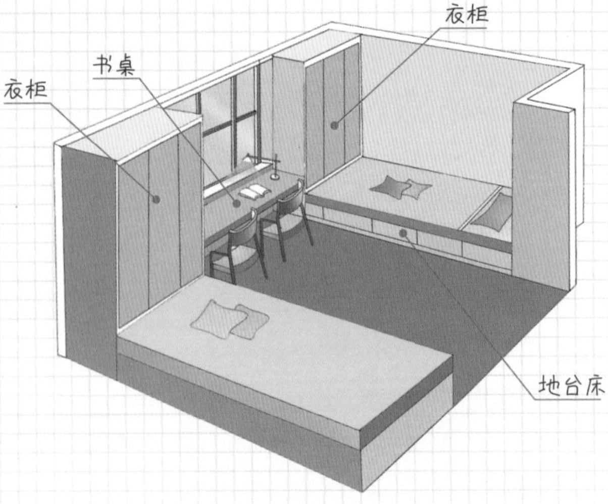

衣柜

书桌

衣柜

地台床

设计细节之厨卫区

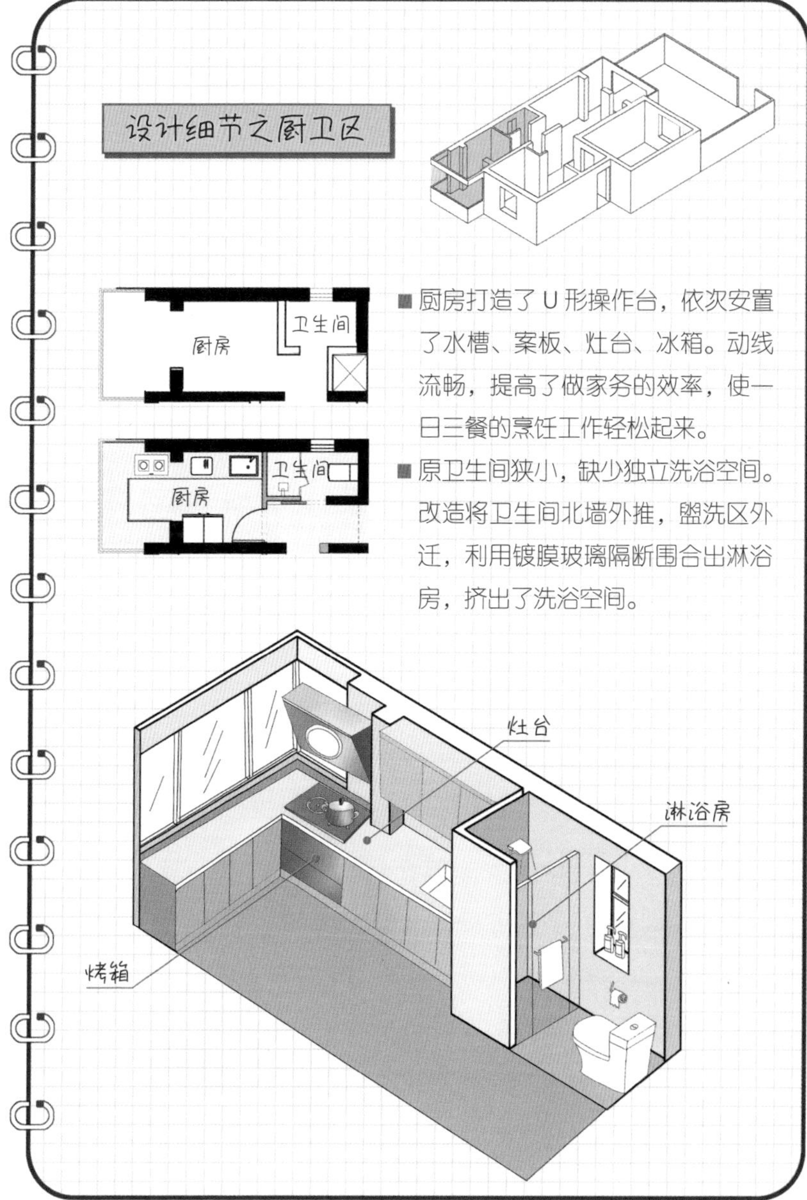

■ 厨房打造了 U 形操作台，依次安置了水槽、案板、灶台、冰箱。动线流畅，提高了做家务的效率，使一日三餐的烹饪工作轻松起来。

■ 原卫生间狭小，缺少独立洗浴空间。改造将卫生间北墙外推，盥洗区外迁，利用镀膜玻璃隔断围合出淋浴房，挤出了洗浴空间。

设计细节之客餐区

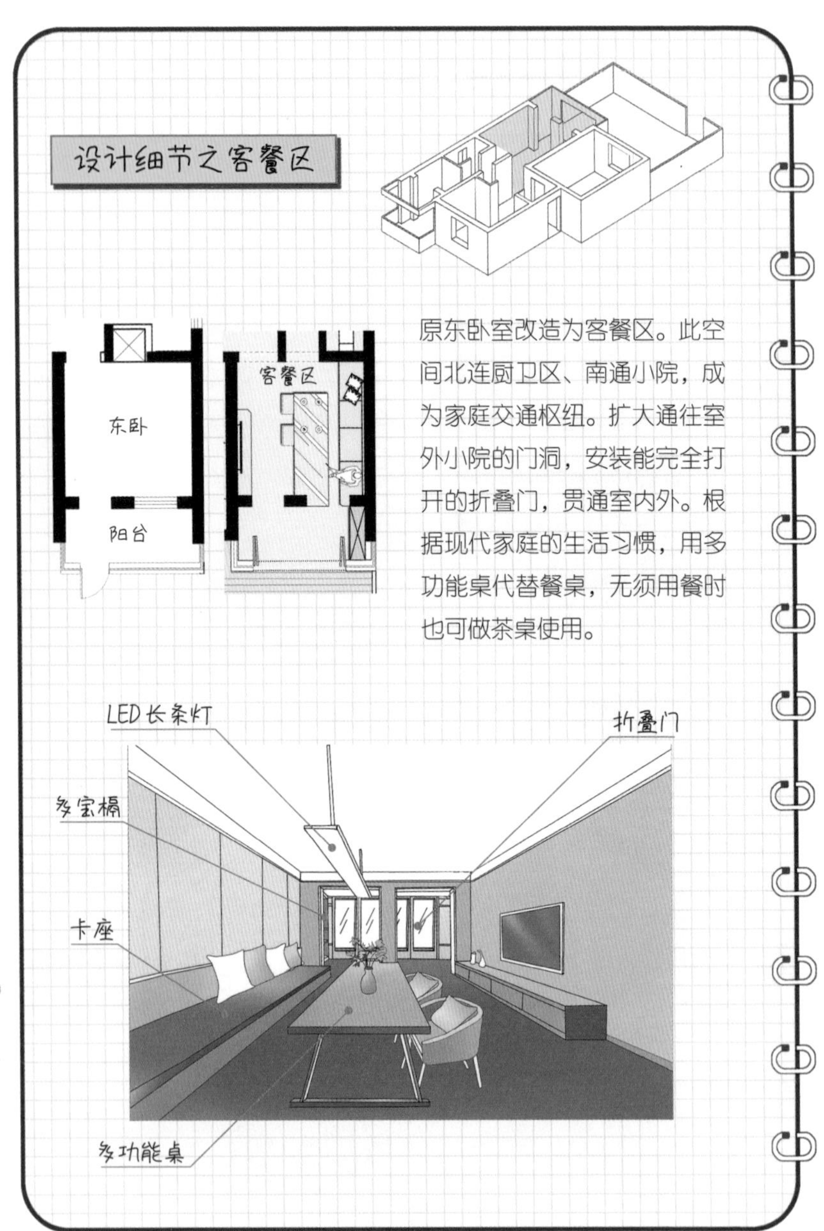

原东卧室改造为客餐区。此空间北连厨卫区、南通小院，成为家庭交通枢纽。扩大通往室外小院的门洞，安装能完全打开的折叠门，贯通室内外。根据现代家庭的生活习惯，用多功能桌代替餐桌，无须用餐时也可做茶桌使用。

设计细节之庭院

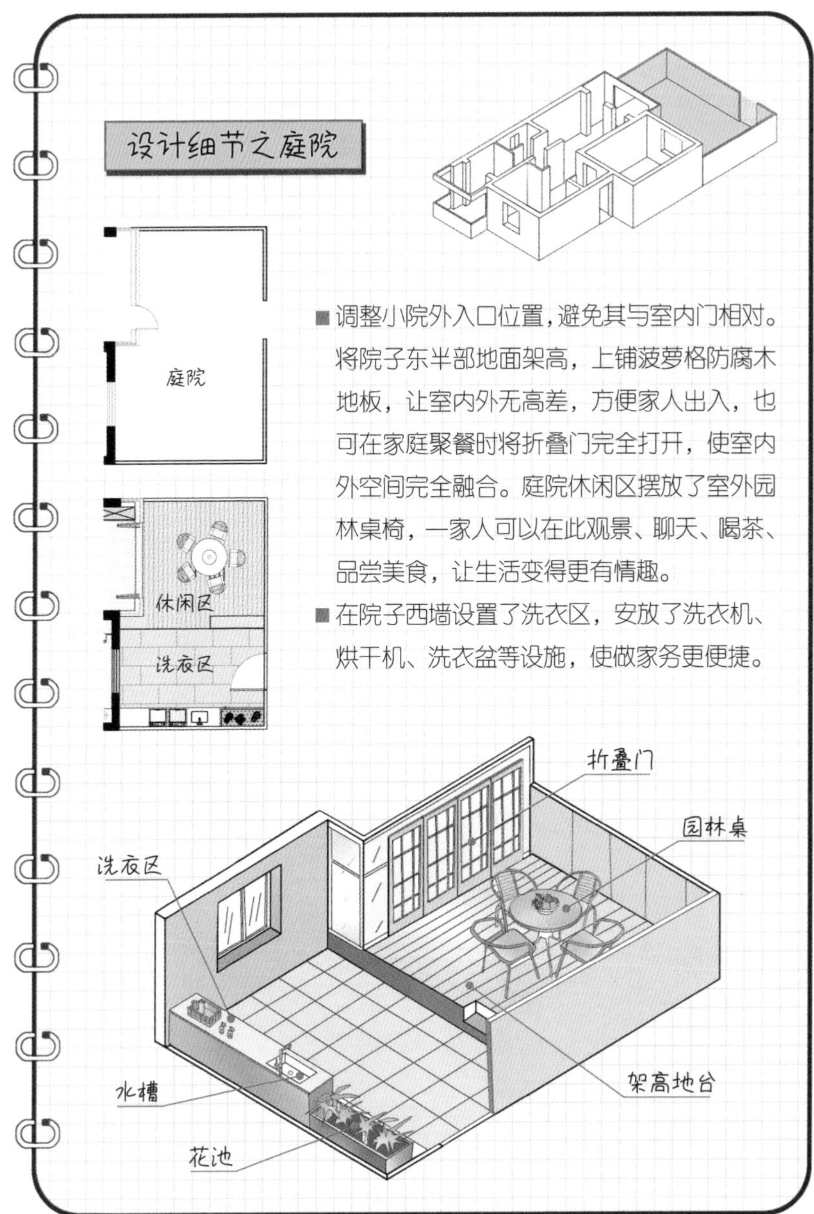

■ 调整小院外入口位置，避免其与室内门相对。将院子东半部地面架高，上铺菠萝格防腐木地板，让室内外无高差，方便家人出入，也可在家庭聚餐时将折叠门完全打开，使室内外空间完全融合。庭院休闲区摆放了室外园林桌椅，一家人可以在此观景、聊天、喝茶、品尝美食，让生活变得更有情趣。

■ 在院子西墙设置了洗衣区，安放了洗衣机、烘干机、洗衣盆等设施，使做家务更便捷。

格局鸟瞰 居住体验

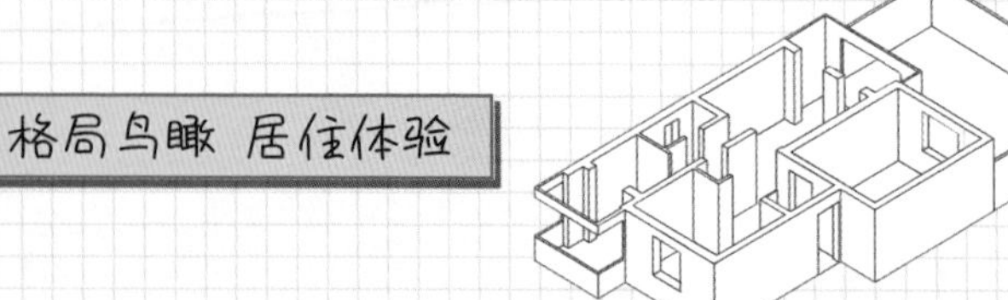

破旧不堪、光线昏暗的老房子，经过设计改造，变成了居住舒适的美宅。一个小小的格局调整，给人一个出乎意料的空间，让全家人欣喜不已。客餐区合二为一的格局设计，实用又高效。大长桌成为家人最爱待的地方，可以在这里进餐、会客、聊天、读书。聚会时，南向的折叠门可完全打开，与室外地台区融为一体，空间得到扩大。改造后的女儿房和卫生间，也让家人都很满意。原本委托人购买此房，仅打算过渡使用，等孩子们读完初中就搬走，现在竟让全家产生了在此长住的念头。

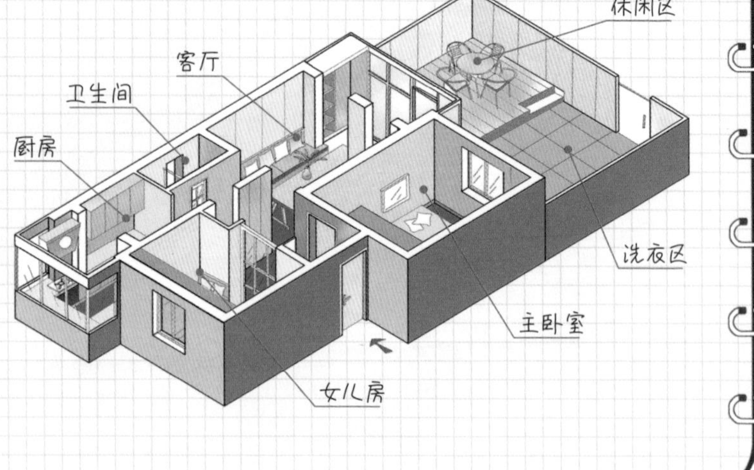

知识加油站

■ 隐形滑动门

顾名思义，就是隐藏起来的滑动门。当需要空间开敞时，将门推入墙腹中，完全隐藏。当需要空间闭合时，将门从墙腹中滑出。这样的设计使得空间非常整洁，同时保持了墙面的完整性。在施工时，隔墙需要提前预留足够的空间，并预设滑动轨道。

■ 户外地板

指铺设于户外的木地板，需要能够经受得住户外多变的天气和强烈的温差变化，还须具有稳定性强、强耐腐、抗压性强等特点。主要种类有塑木户外地板、防腐木户外地板、炭化木户外地板、共挤型户外塑木地板、HIPS 地板等。

防腐木地板是户外使用最广泛的露天木地板，并且可以直接用于与水体、土壤接触的环境中，是户外木地板、园林景观地板、户外木平台、露台地板、户外木栈道及其他室外防腐木凉棚的首选材料。常用的树种有俄罗斯樟子松、欧洲赤松、美国南方松、辐射松及一些天然防腐硬木，如菠萝格、巴劳木等。

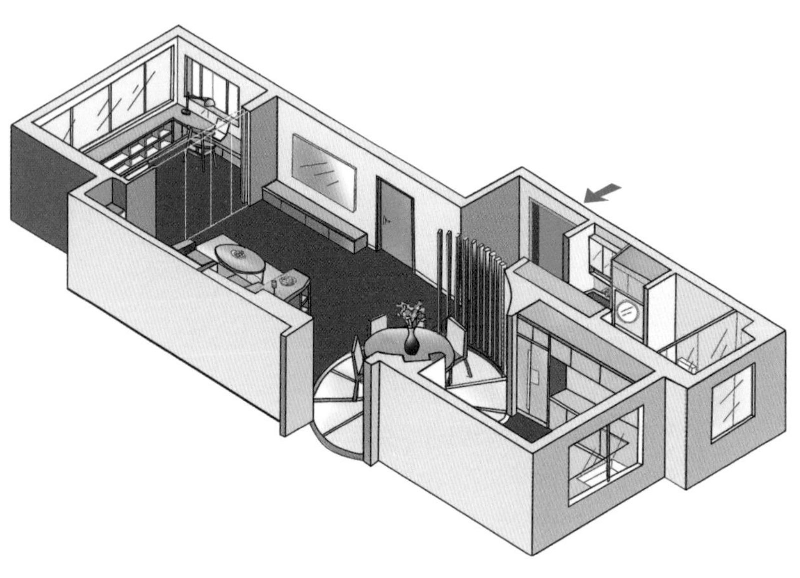

三代人齐聚一堂生活的家

委托人：G 夫妇 + 女儿 + 祖父母

核心诉求：三室变四室，照顾到每个家人的不同喜好

- 祖父母：　退休工程师
- G 夫妇：　外贸公司职员
- 孩　子：　五年级小学生

委托人 G 先生一家三代五口人，生活在以啤酒和海鲜著称的海滨城市，通过努力打拼，购买了这套三室两厅的海景房，用作全家人的新居所，也让孩子的爷爷奶奶在此安享晚年。委托人希望能通过设计师的专业规划，给他们打造一个适合三代人一起居住的家。家人们的爱好广泛，爷爷喜欢垂钓、奶奶喜欢喝茶、爸爸喜欢上网、妈妈喜欢给家人做烘焙、孩子喜欢画画。委托人希望在具体设计中能体现每个人的爱好，打造出一个家人都满意的家。

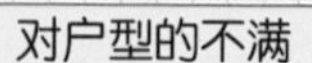

- 打开入户门就可以看到餐厅，私密性不佳。
- 家中收纳空间设置不足，不能满足五口人日常的储物需求。
- 缺一个书房。

对设计的期望

- 希望卫生间干湿分离。
- 希望能够多一间书房。
- 充分利用每一寸空间。

房屋信息

- 房屋状况：毛坯新房
- 户型结构：三室两厅
- 建筑面积：125m^2
- 建筑结构：框架结构

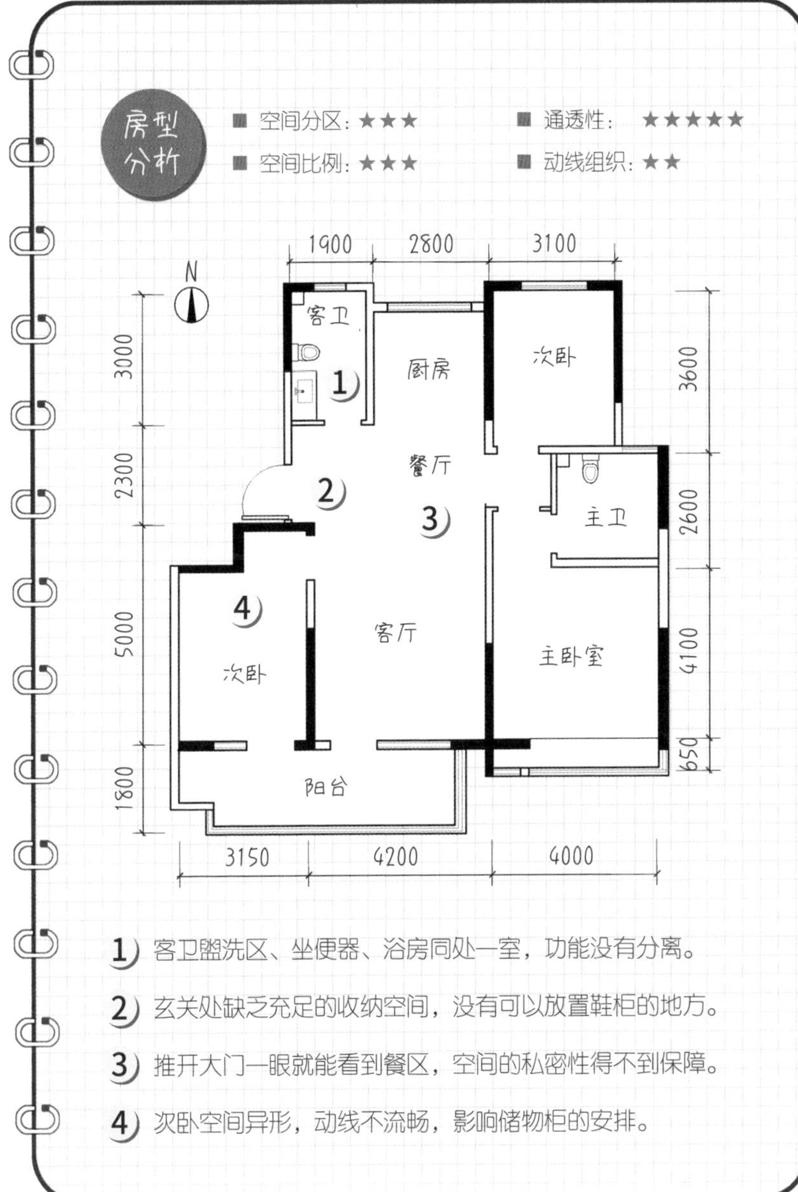
房型分析
空间分区：★★★
通透性：★★★★★
空间比例：★★★
动线组织：★★
1900
2800
3100
N
客卫
厨房
次卧
3000
3600
餐厅
2300
主卫
2600
客厅
5000
次卧
主卧室
4100
650
阳台
1800
3150
4200
4000
1 客卫盥洗区、坐便器、浴房同处一室，功能没有分离。
2 玄关处缺乏充足的收纳空间，没有可以放置鞋柜的地方。
3 推开大门一眼就能看到餐区，空间的私密性得不到保障。
4 次卧空间异形，动线不流畅，影响储物柜的安排。

设计思路

■ 户型缺乏过渡，一眼看穿整个空间，是房屋设计中的常见问题。一般习惯利用隔断进行遮挡，增加空间的层次感，但如果处理不好，容易造成空间闭塞等不良后果。古人在园林设计中的镂空借景，隔而不断、若虚若实，既能丰富空间的层次，又不会使人感到憋闷，值得我们借鉴。

■ 委托人来自四川，烹饪时必不可少的辣椒，使得厨房需要采用封闭式设计，但作为现代家庭，生活习惯也已悄然发生变化，蒸箱、烤箱等现代厨电进入千家万户，女主人也喜欢给家人做烘焙、拌沙拉。因此在厨房设计中，主厨区为封闭式的中厨，利用零星空间设置一个西橱区，安排烤箱等嵌入式的厨电。

■ 委托人希望能多分隔出一间小书房，满足自己打网游、看网剧的喜好。此户型为常见的三居室，空间布局较紧凑，如果再增加一间书房，很容易干扰其他空间。所以增加房间的前提是，不能对现有房间的采光、通风造成干扰。

■ 房屋所在地为我国著名的海滨城市，气候宜人、景色秀丽。但每年夏天，气候潮湿、海雾频繁、湿度非常大，洗涤的衣物如果单纯靠晾晒，将会非常麻烦，因此需要考虑增设烘干设备。

户型设计初稿

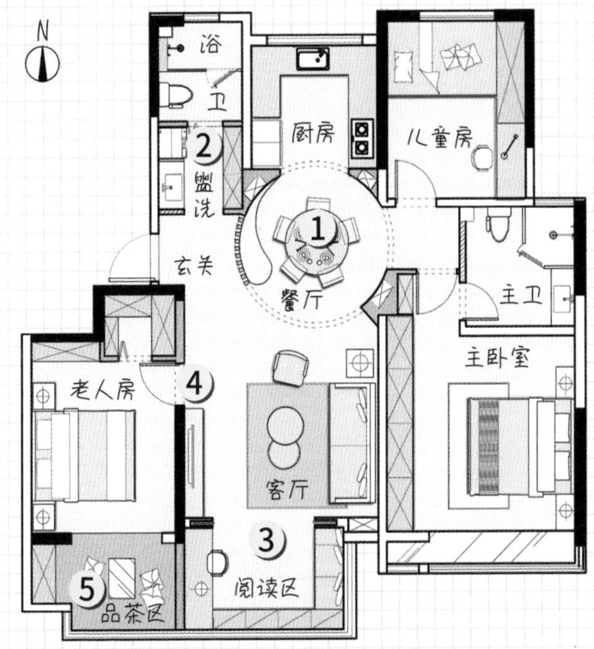

1. 利用弧形木格栅墙，分隔出玄关和用餐区。
2. 将客卫盥洗台外移，增设洗衣机和玄关柜，解决入户储纳的需求。
3. 将阳台空间拆解，与客厅相连的部分，打造为阅读区。
4. 改动老人房门洞位置，优化出入动线，不规则区域打造成衣帽间。
5. 将老人房阳台的地面抬高，打造为品茶区。

方案讨论 信息反馈

满意之处

1. 利用镂空的隔断，划分出了独立玄关区和就餐区。
2. 干湿分离的客卫提高了使用效率。大储物柜解决了爷爷钓具的储纳问题。
3. 男主人最开心阅读区的设置，让他拥有了自己上网的区域，不用再挤在卧室影响女主人休息了。白天，阅读区的推拉门打开，与客厅完全贯通，对采光通风毫无影响。
4. 奶奶有了喝茶专区，可以一边喝茶一边欣赏窗外美丽的海景。

需要调整之处

1. 现有设计中，洗衣服完全依靠洗衣机、烘干机。但奶奶洗衣服更习惯晾晒，尤其是对一些小件衣物，所以还是希望家中保留一个晾晒区域。
2. 在儿童房的东墙设计了一个衣柜，用来存放女孩衣服。妈妈担心随着孩子的成长，衣服越来越多，收纳空间可能会不够，希望能增大孩子房间的储纳空间。
3. 妈妈希望保留一个西橱区，做烘焙、拌沙拉等。现有的设计中，在餐区设置了一个弧形操作台，但感觉空间太小，使用不便。

户型设计终稿

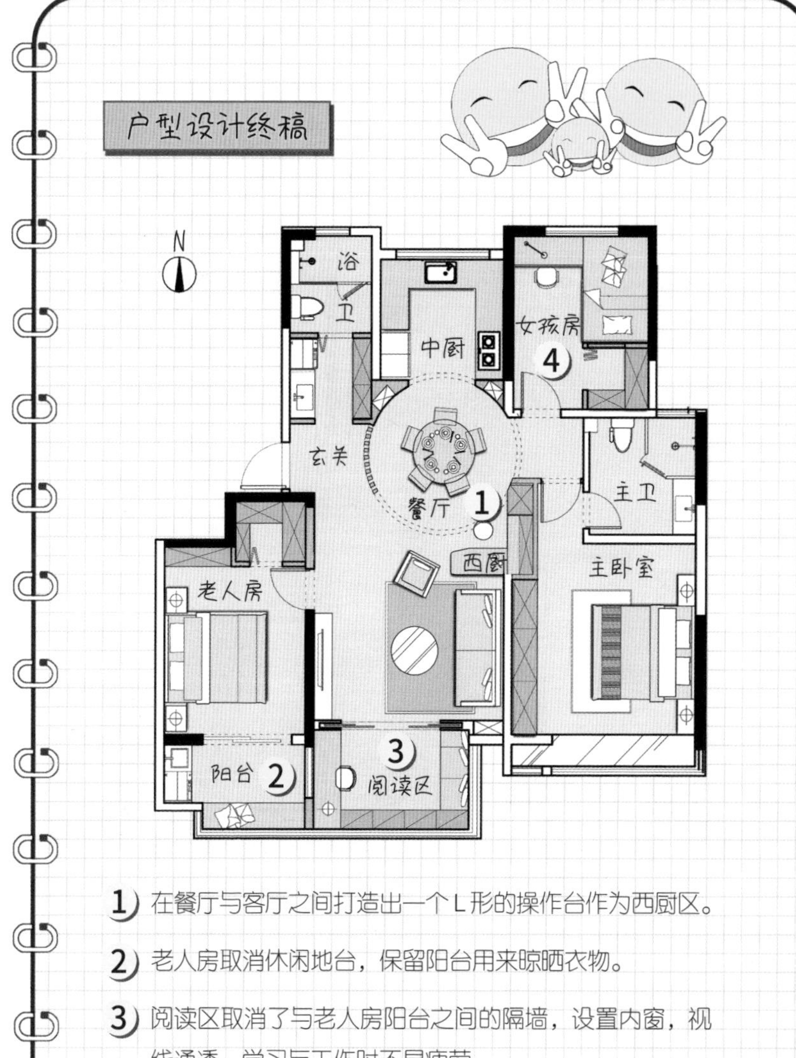

1）在餐厅与客厅之间打造出一个 L 形的操作台作为西厨区。

2）老人房取消休闲地台，保留阳台用来晾晒衣物。

3）阅读区取消了与老人房阳台之间的隔墙，设置内窗，视线通透，学习与工作时不易疲劳。

4）女儿房在进门的右边打造了一个衣帽间。

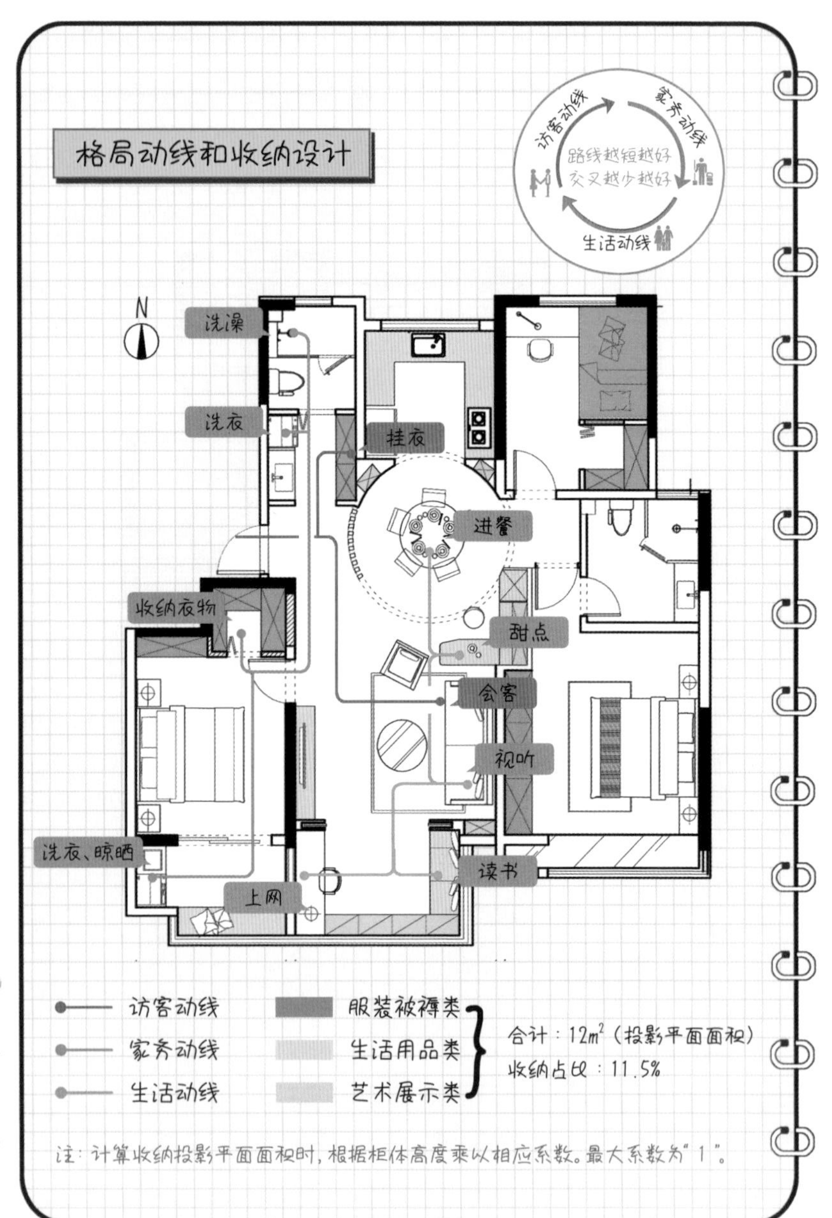
格局动线和收纳设计
访客动线
家务动线
生活动线
路线越短越好
交叉越少越好
N
洗澡
洗衣
挂衣
进餐
收纳衣物
甜点
会客
视听
洗衣、晾晒
读书
上网
访客动线
家务动线
生活动线
服装被褥类
生活用品类
艺术展示类
合计：12m²（投影平面面积）
收纳占比：11.5%
注：计算收纳投影平面面积时，根据柜体高度乘以相应系数。最大系数为"1"。

设计细节之玄关、客卫

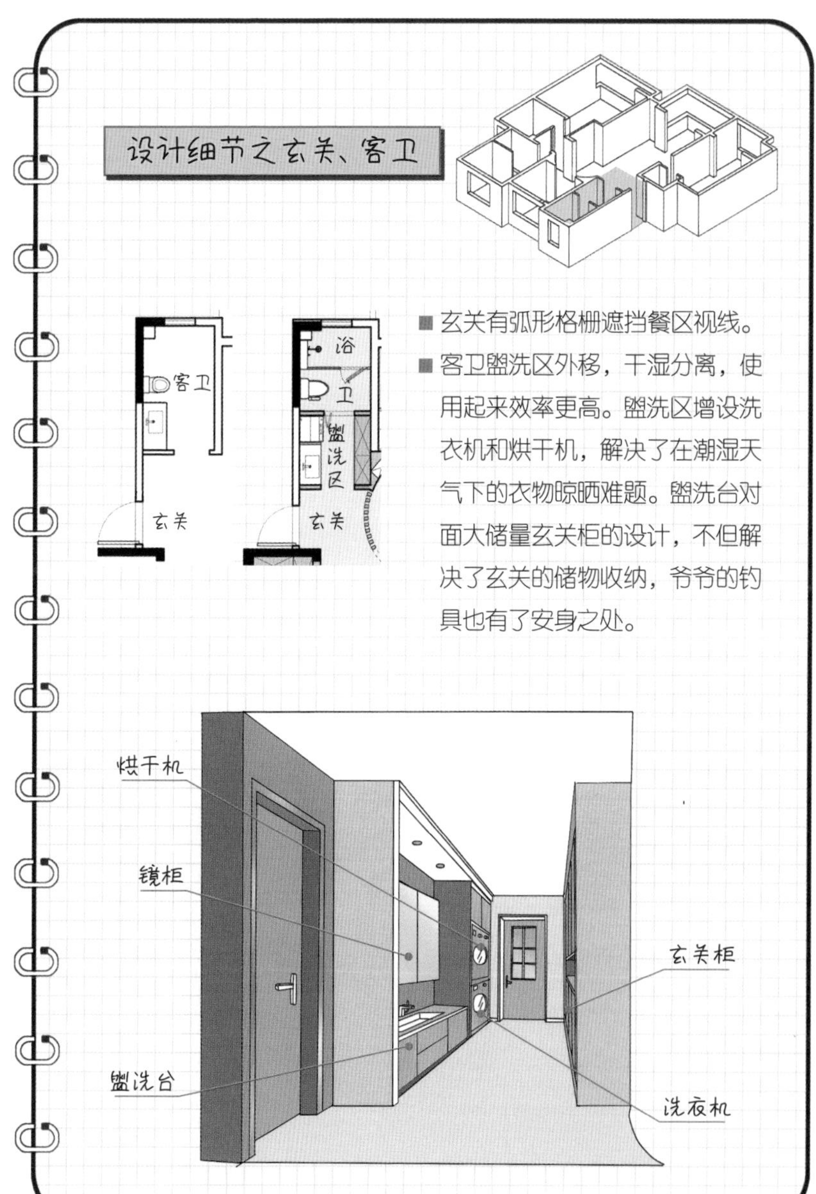

- 玄关有弧形格栅遮挡餐区视线。
- 客卫盥洗区外移，干湿分离，使用起来效率更高。盥洗区增设洗衣机和烘干机，解决了在潮湿天气下的衣物晾晒难题。盥洗台对面大储量玄关柜的设计，不但解决了玄关的储物收纳，爷爷的钓具也有了安身之处。

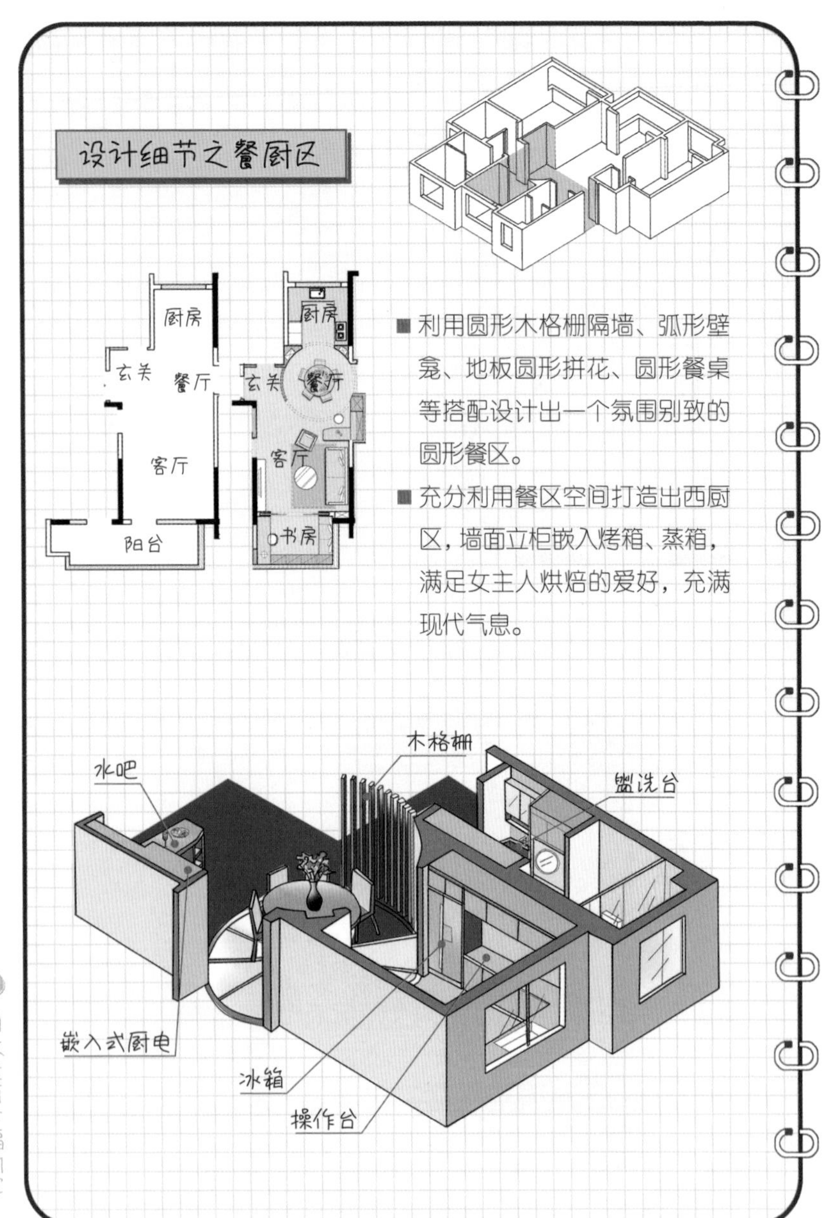

设计细节之餐厨区

■ 利用圆形木格栅隔墙、弧形壁龛、地板圆形拼花、圆形餐桌等搭配设计出一个氛围别致的圆形餐区。

■ 充分利用餐区空间打造出西厨区，墙面立柜嵌入烤箱、蒸箱，满足女主人烘焙的爱好，充满现代气息。

设计细节之客厅

南阳台与客厅相通的区域改造为阅读区。在需要安静阅读或上网时，可拉开隐藏式滑动门，与客厅进行隔离。在阅读书桌的正面隔墙上开设室内窗，让视线更通透，减少闭塞感。

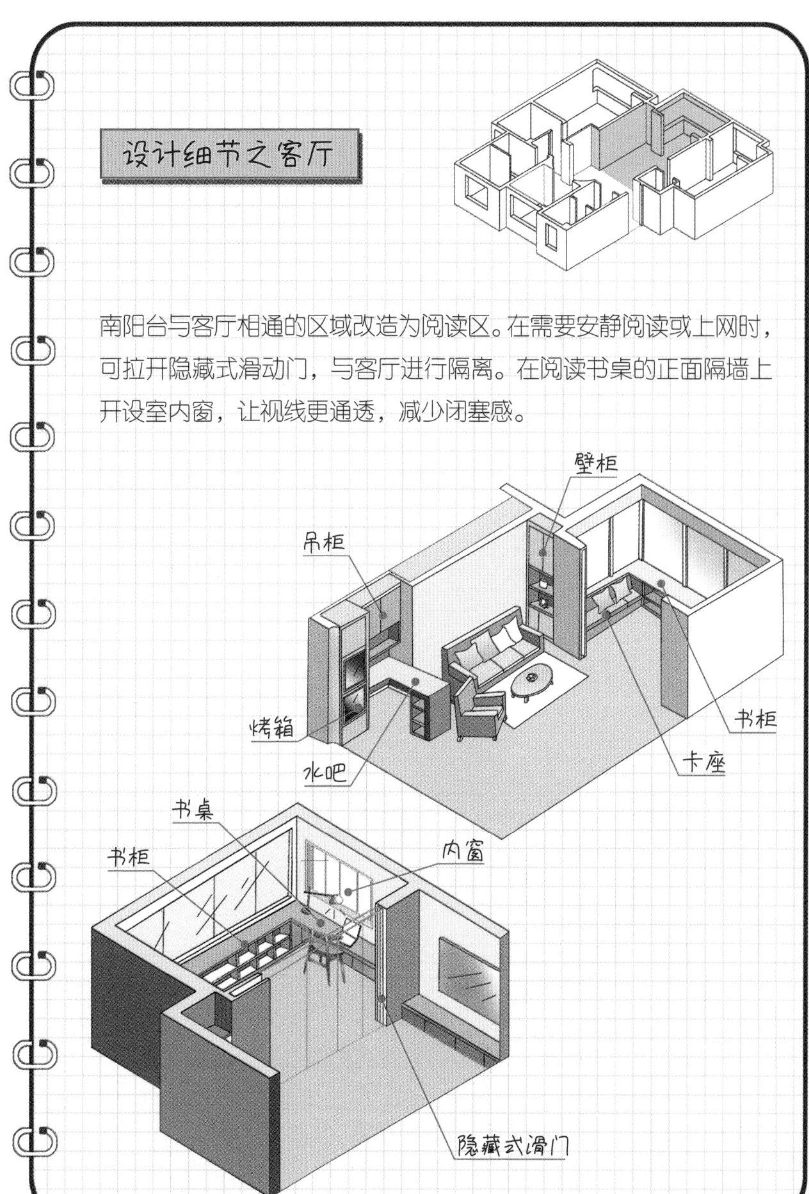

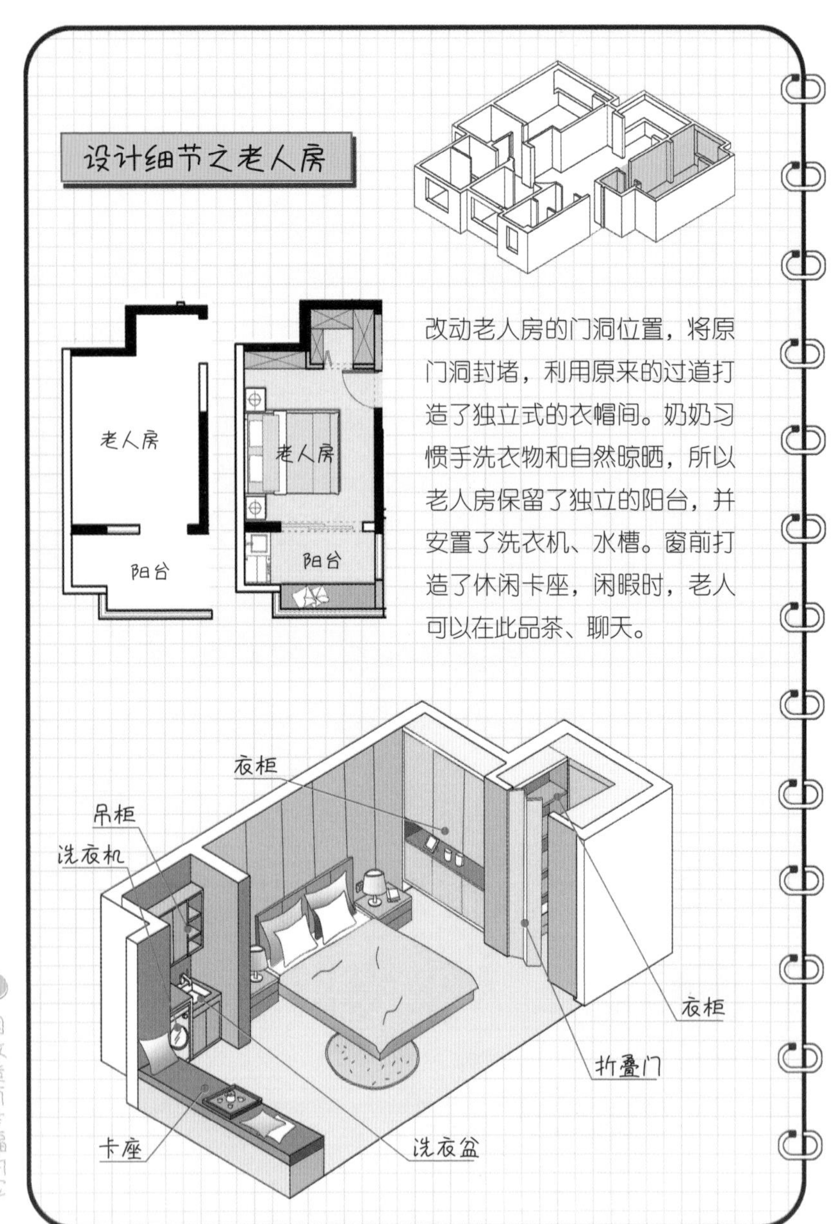
设计细节之老人房
老人房
阳台
老人房
阳台
改动老人房的门洞位置，将原门洞封堵，利用原来的过道打造了独立式的衣帽间。奶奶习惯手洗衣物和自然晾晒，所以老人房保留了独立的阳台，并安置了洗衣机、水槽。窗前打造了休闲卡座，闲暇时，老人可以在此品茶、聊天。
衣柜
吊柜
洗衣机
衣柜
折叠门
卡座
洗衣盆

设计细节之女孩房

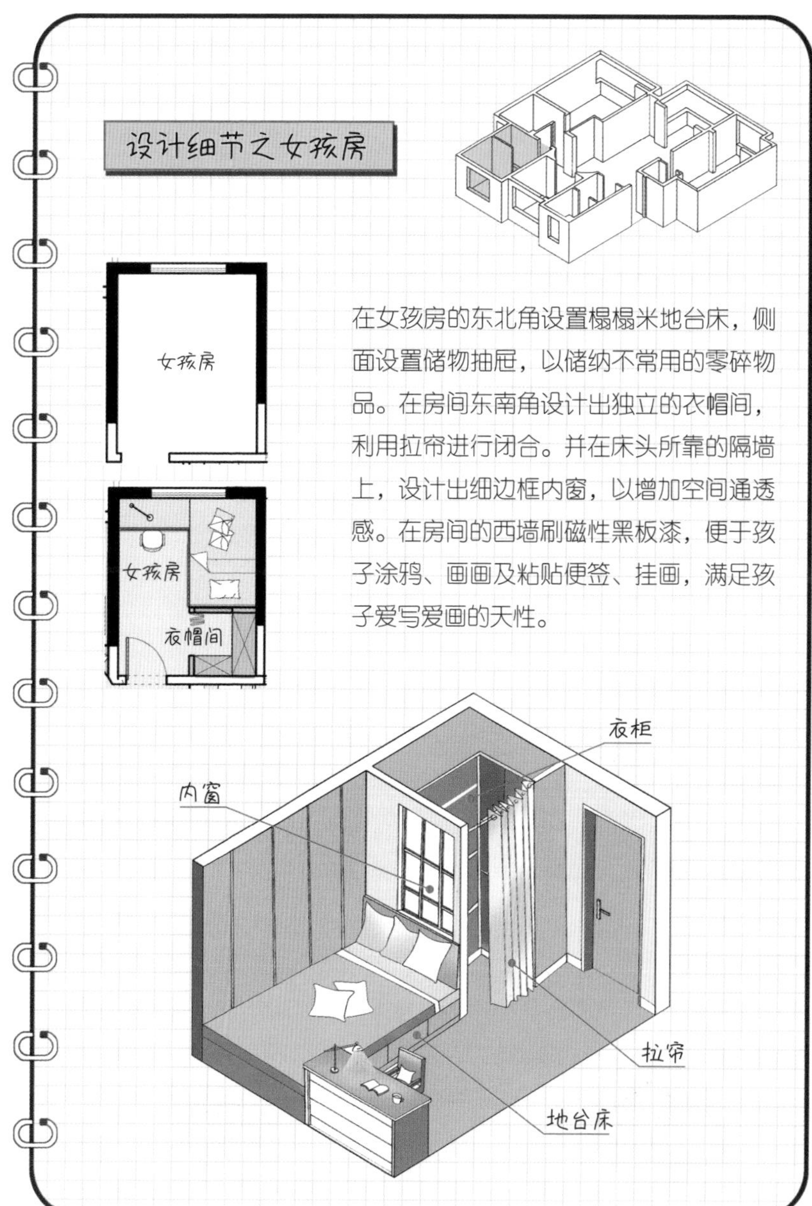

在女孩房的东北角设置榻榻米地台床，侧面设置储物抽屉，以储纳不常用的零碎物品。在房间东南角设计出独立的衣帽间，利用拉帘进行闭合。并在床头所靠的隔墙上，设计出细边框内窗，以增加空间通透感。在房间的西墙刷磁性黑板漆，便于孩子涂鸦、画画及粘贴便签、挂画，满足孩子爱写爱画的天性。

格局鸟瞰 居住体验

改造过程中并没有对原有格局大拆大建，只是在前期详细调研与沟通的基础上，对每一个空间的细节进行布局优化，最终获得了委托人全家满意的结果。

喜爱垂钓的爷爷有了专门的钓具收纳场所，喜欢饮茶的奶奶有了自己专属的品茶区，喜欢看书、上网的男主人有了自己的阅读空间，喜欢烘焙的女主人有了专用西橱安置烤箱、蒸箱，喜欢写写画画的孩子有了超级好用的涂鸦墙。

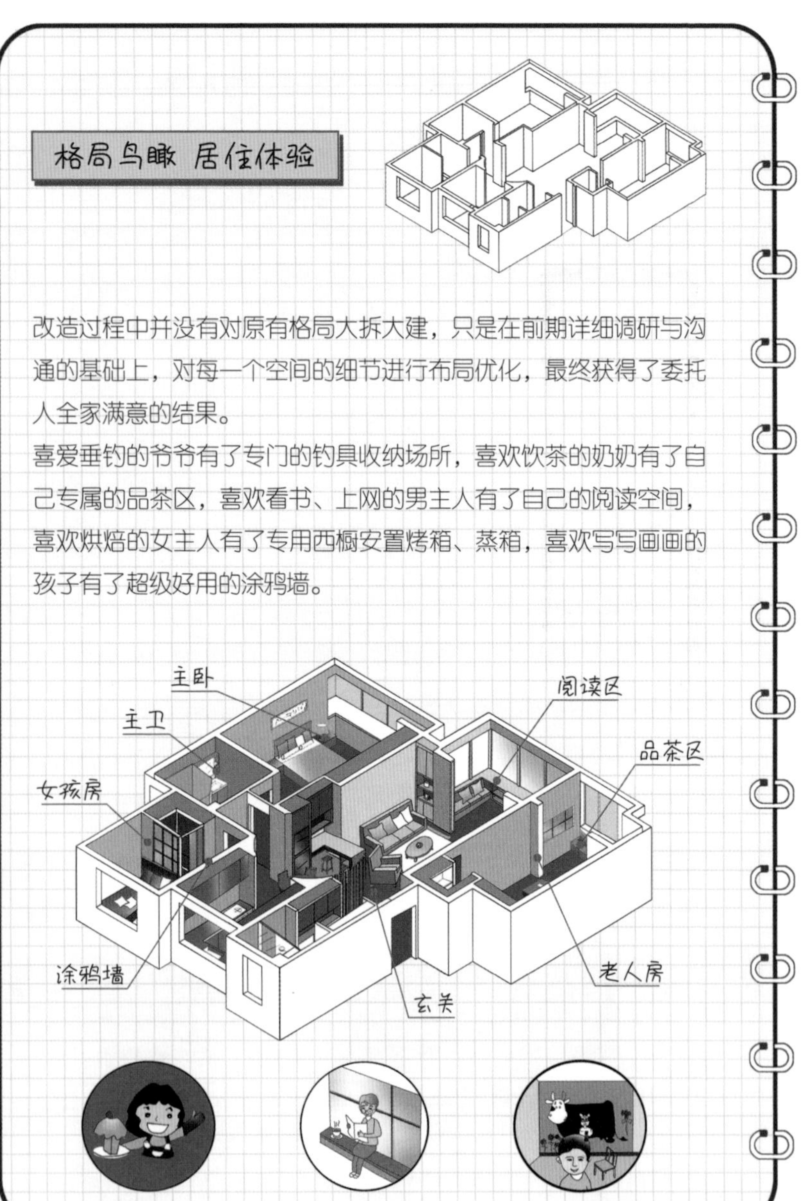

知识加油站

■ 儿童涂鸦墙

儿童涂鸦墙在具体制作上，主要有以下三种方式：

1. 黑板漆涂墙。黑板漆是直接刷在墙面上的，可以自如地用粉笔写字，清理起来也非常便捷，直接用抹布蘸水擦拭即可。

2. 黑板贴。可以贴在家里的任何一个空间、角落，即使贴坏了也很容易更换，还可以起到一定的装饰作用。

3. 成品黑板。便携、安装方便，但从设计感来说就远远不如黑板漆或黑板贴，面积也比较受局限。

■ 家庭衣物烘干机

家庭衣物烘干机从形式上分为一体式与独立式。一体式烘干机又能洗又能烘，不占地方，衣物洗完后直接烘干，缺陷是容量小，衣物干燥不彻底，衣服上的绒毛容易留在机器里面。独立式烘干机容量大、烘干快、时间短，但占用空间大，衣物在洗衣机洗完后，需要取出再放入烘干机。

烘干方式主要有三种，排气式、冷凝式和热泵式。排气式的烘干机在背后有个巨大的排气管，已经基本被市场淘汰；冷凝式烘干机的原理是先用加热器将空气加热，然后将热空气穿过衣物变成湿冷空气，湿冷空气经过冷凝系统析出水分，再变成干冷空气，如此循环往复，最终将衣服上的水分全部带走；更高级一些的热泵式烘干机，其实可以看作冷凝式烘干机的升级版。

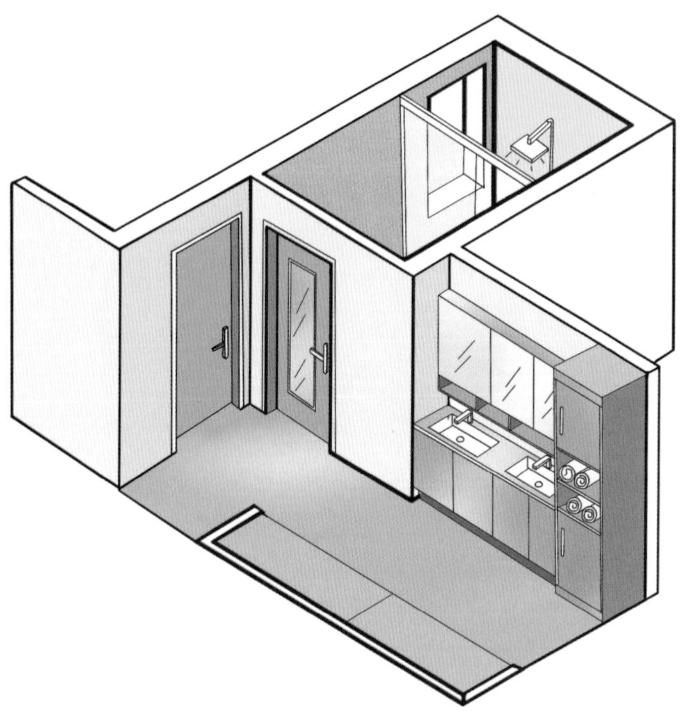

三个孩子也不会凌乱的家

委托人：L 夫妇 + 三个孩子

核心诉求：增加储物空间、给三个孩子营造学习氛围

- L先生：传媒单位职员
- L太太：金融单位职员
- 大女儿：初中生
- 双胞胎儿子：小学生

家庭档案

L先生家有三个孩子，一个姐姐两个弟弟，像极了电视剧《家有儿女》。姐姐在读初中，漂亮文静。两个双胞胎弟弟在读小学，顽皮活泼。家中每天都热闹非凡，当然物品也繁多，玩具、衣服、书籍……很容易丢得到处都是。L太太对此很头疼，希望通过这次设计改造，让家变得井井有条。

对户型的不满

- 厨房操作空间小。
- 餐厅感觉不好用。
- 空间利用不充分。

对设计的期望

- 物品繁多，需增加储物空间。
- 重视教育，增加书香氛围。
- 合理安排三个孩子的空间。

房屋信息

- 房屋状况：新房
- 户型结构：三室两厅
- 建筑面积：138m^2
- 建筑结构：框架结构

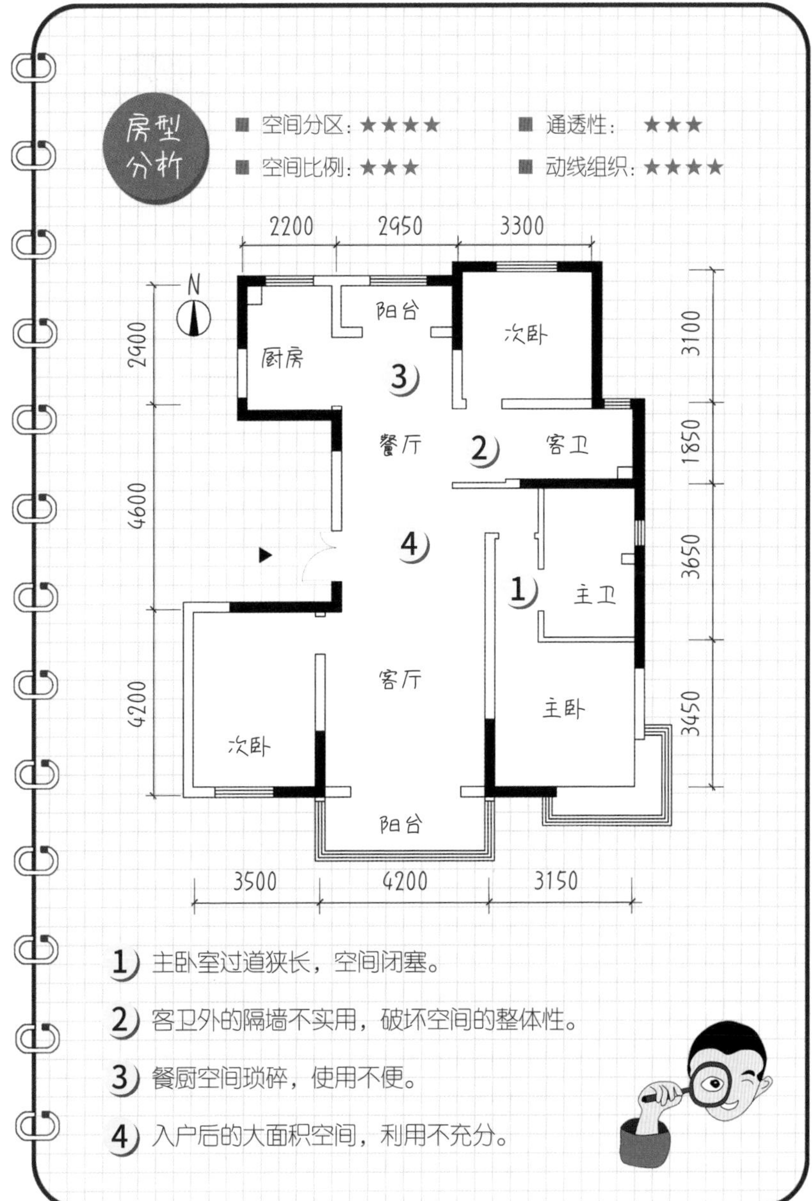

■ 空间分区：★★★★　■ 通透性：★★★

■ 空间比例：★★★　■ 动线组织：★★★★

1）主卧室过道狭长，空间闭塞。

2）客卫外的隔墙不实用，破坏空间的整体性。

3）餐厨空间琐碎，使用不便。

4）入户后的大面积空间，利用不充分。

设计思路

■ 建筑面积 138 ㎡的三室两厅的房屋算是很宽敞了，但此房屋还有很大的优化余地。如厨房隔壁的北阳台，就可以考虑将其并入餐厨空间，避免空间过度分隔带来的琐碎感。

■ 正对主卧、次卧房门的小隔墙，完全没有作用，不但使出入客卫的动线延长，还容易干扰餐厅的就餐。

■ 主卧本身很宽敞，但狭长的过道及半独立的衣帽间，对空间造成了破坏，使人感觉闭塞，需要重新设计。

■ L 夫妇都非常关注三个孩子的教育问题，希望增强家中的学习氛围。但没有独立书房，需要合理规划学习空间。

■ 收纳设计是女主人考虑的重点。家中三个孩子的物品繁多，玩具、文具、衣服、鞋帽，使得家中储物压力很大。此房屋为电梯入户结构，房门外有一个小空间归他们家使用。可将鞋柜安排在此处，解决入户后玄关收纳空间不足的问题。

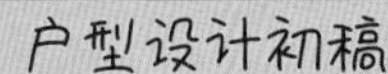

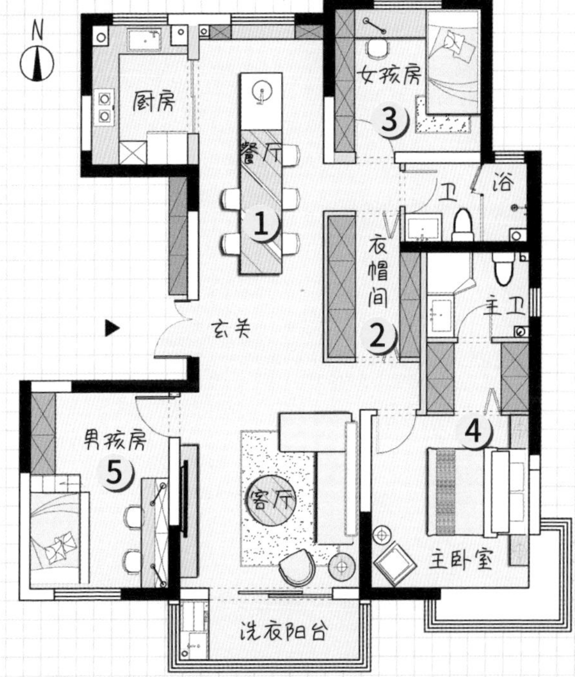

1) 拆掉北阳台隔墙，将其并入餐厅空间，大餐桌北端设独立中岛。

2) 将北次卧房门正对的隔墙拆掉，规划出一个两端开门的衣帽间。

3) 北次卧用作女孩房，调整入门位置，以增加其储存收纳空间。

4) 主卧室空间优化，改变衣帽间的朝向，衣帽间采用折叠门形式。

5) 南次卧设计为男孩房，安放双层楼梯床，供两个男孩使用。

方案讨论 信息反馈

满意之处

1. 对主卧室的改造很满意，调整了衣帽间的开启方向，空间感觉宽敞，视线也通透了许多。
2. 家中多出了一个收纳间，孩子们的物品都有了可安放的空间，让妈妈很开心。
3. 稍移门洞位置，就让女孩房拥有整面墙的储物空间。

需要调整之处

1. 男孩房的收纳空间太小，担心两个男孩的物品放不下。
2. 中岛的设计虽然喜欢，但厨房操作空间仍然不够用。女主人喜欢的嵌入式的厨电不容易安排。
3. 初稿设计的大餐桌是为了让三个孩子可以一起学习，但委托人希望三个孩子分开学习，担心调皮的弟弟干扰姐姐。
4. 客厅可以考虑不摆放电视机。
5. 每天早上，三个孩子要同时洗漱，盥洗区紧张，希望能改善。

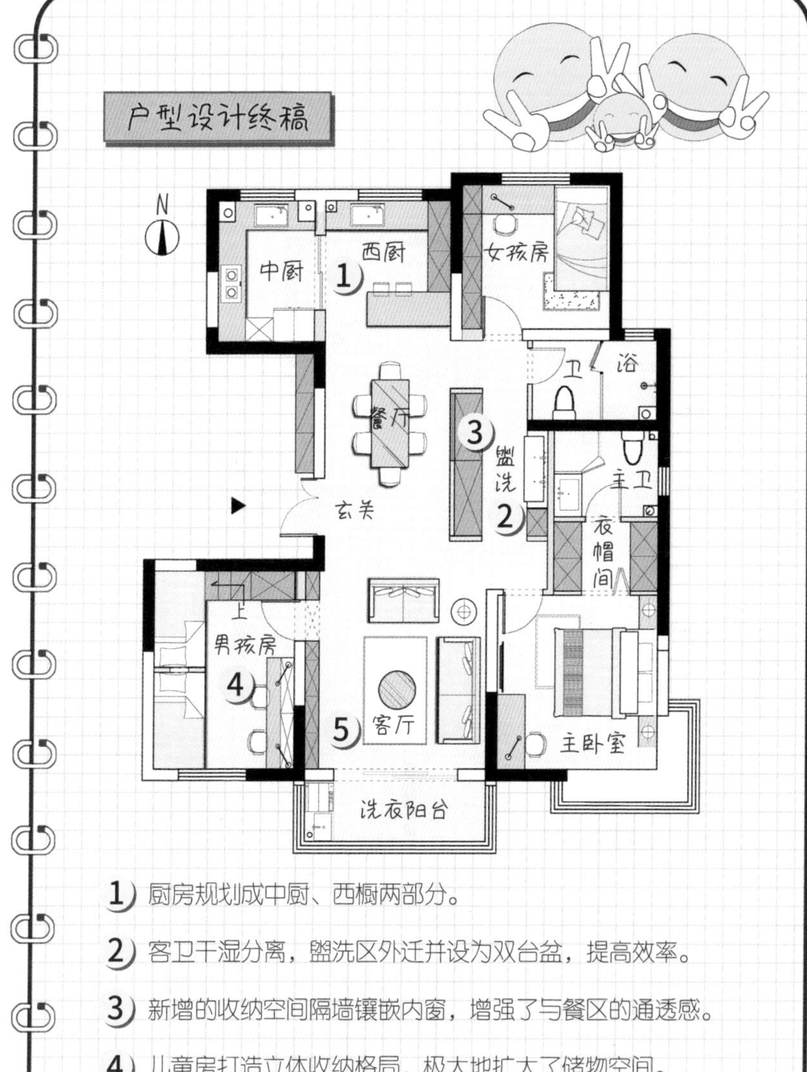

1 厨房规划成中厨、西橱两部分。

2 客卫干湿分离，盥洗区外迁并设为双台盆，提高效率。

3 新增的收纳空间隔墙镶嵌内窗，增强了与餐区的通透感。

4 儿童房打造立体收纳格局，极大地扩大了储物空间。

5 根据家庭生活习惯，客厅不放置电视机，打造整面墙的书柜。

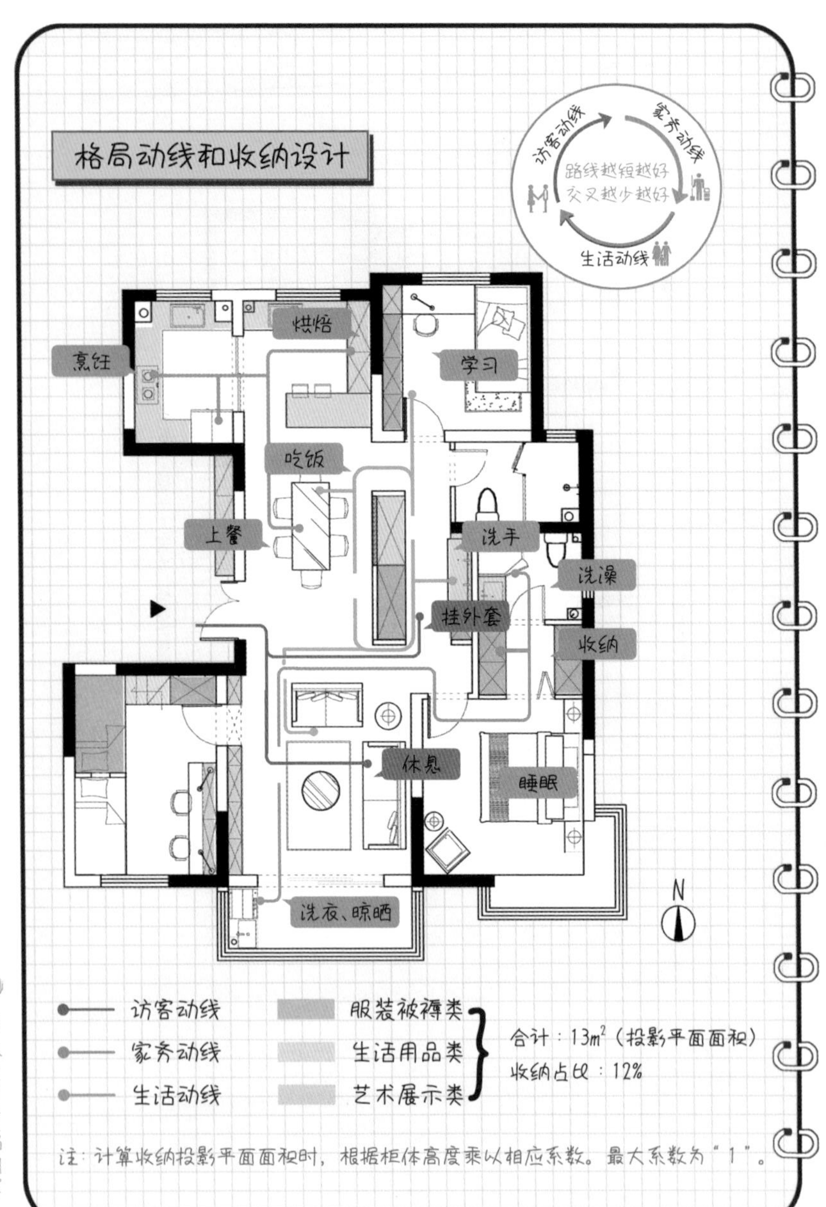

格局动线和收纳设计
访客动线
家务动线
生活动线
路线越短越好
交叉越少越好
烘焙
烹饪
学习
吃饭
上餐
洗手
洗澡
挂外套
收纳
休息
睡眠
洗衣、晾晒
N
访客动线
家务动线
生活动线
服装被褥类
生活用品类
艺术展示类
合计：13m²（投影平面面积）
收纳占比：12%
注：计算收纳投影平面面积时，根据柜体高度乘以相应系数。最大系数为“1”。

设计细节之餐厅、收纳间

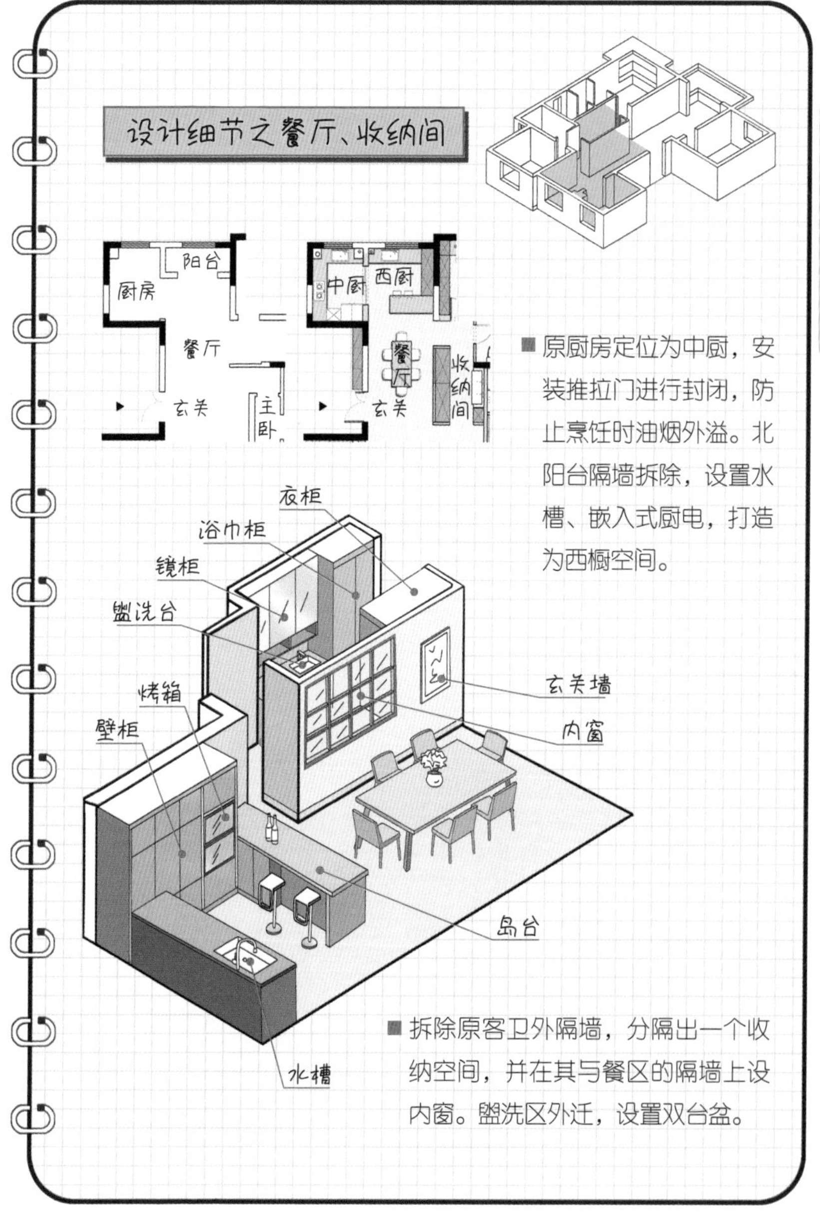

■ 原厨房定位为中厨，安装推拉门进行封闭，防止烹饪时油烟外溢。北阳台隔墙拆除，设置水槽、嵌入式厨电，打造为西橱空间。

■ 拆除原客卫外隔墙，分隔出一个收纳空间，并在其与餐区的隔墙上设内窗。盥洗区外迁，设置双台盆。

设计细节之主卧室

将主卧原本狭长的过道划分出去，使得出入主卧动线更便捷。原衣帽间为 L 形，相对独立，从睡眠区到衣帽间或主卫，需要绕行，动线较长，空间也较闭塞。改造后把衣帽间布局由 L 形调整为 II 形，直接朝向睡眠区，既缩短了动线，又使睡眠区、衣帽间、主卫空间贯通了起来。

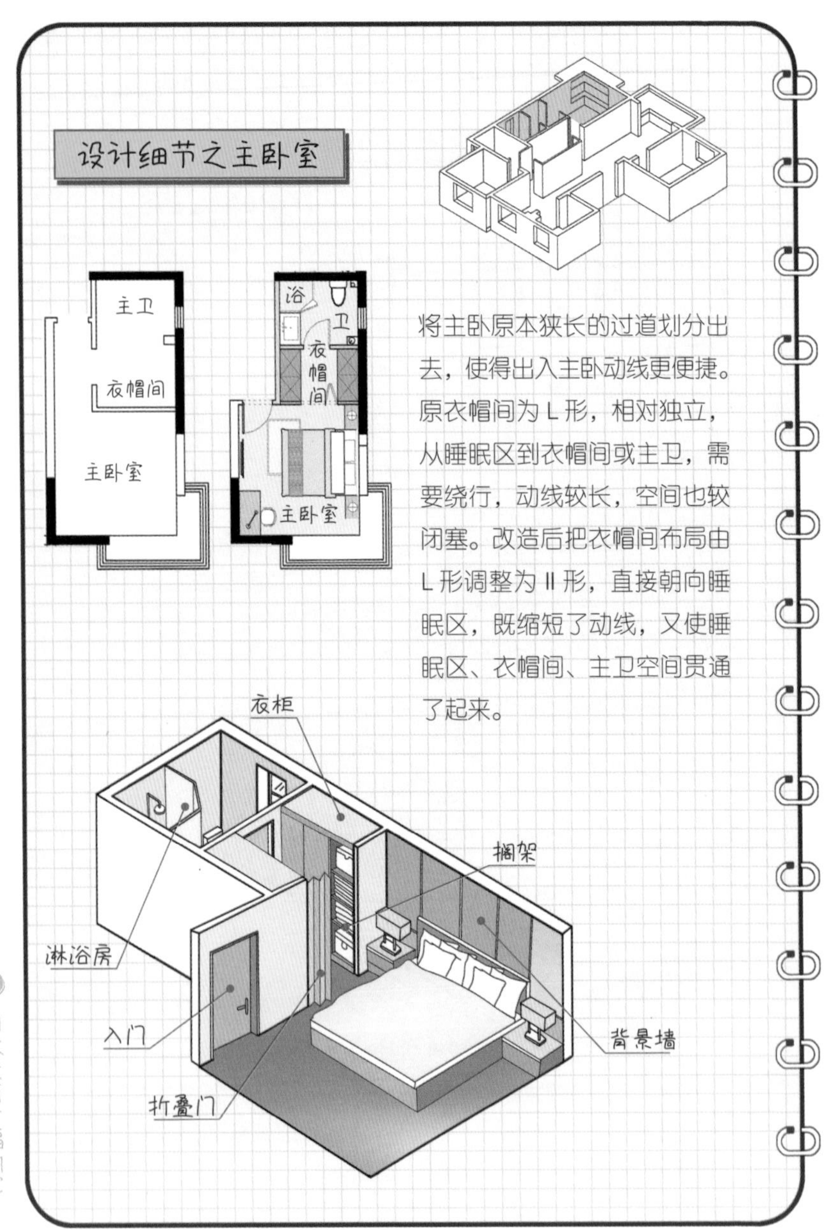

设计细节之女孩房

设计女孩房既要考虑睡眠空间，又要考虑学习空间和收纳空间。改造后仅将卧室门洞移位几十厘米，使房间内拥有了完整的收纳空间。制作了大储量的衣柜，并将书架也融入其中，完全满足了小主人的需求。在光线最充足的窗前摆放书桌，作为学习区。床安排在房间的东北角，窗帘采用百叶形式，简洁又美观。

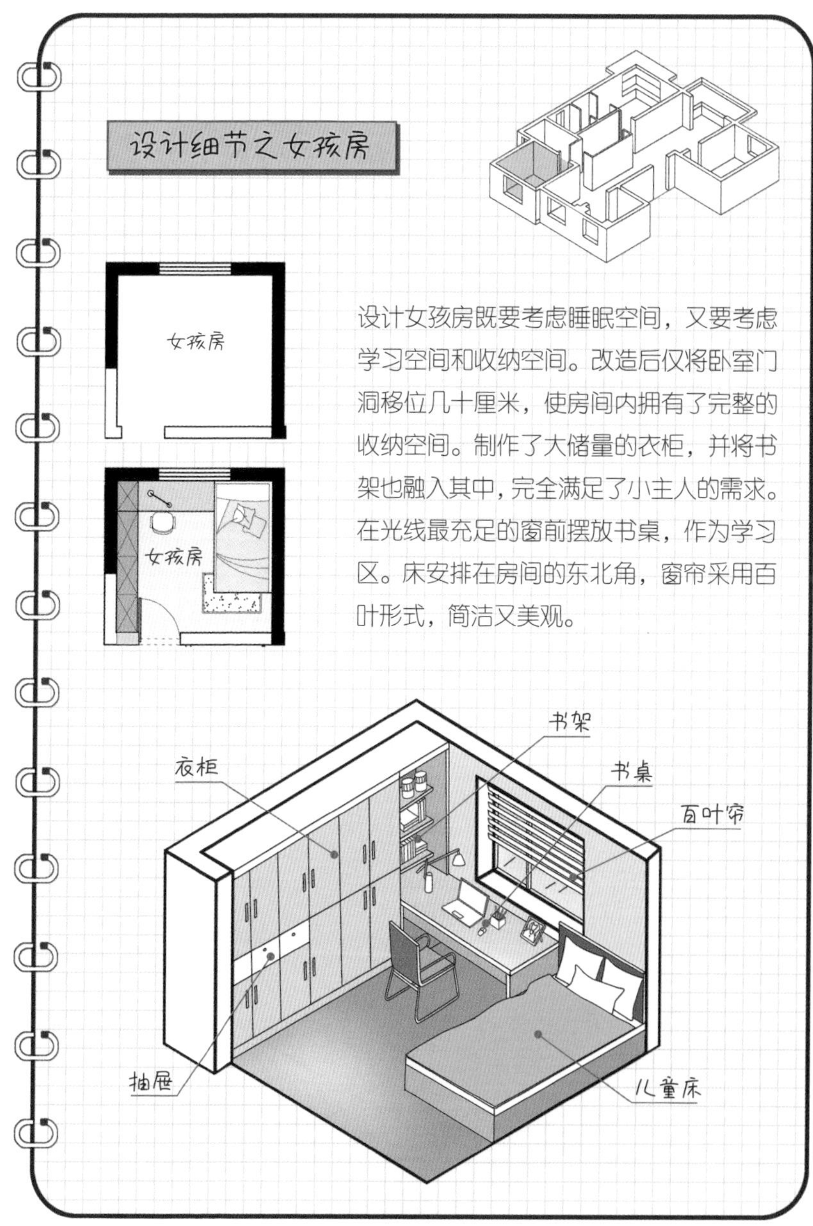

设计细节之客厅

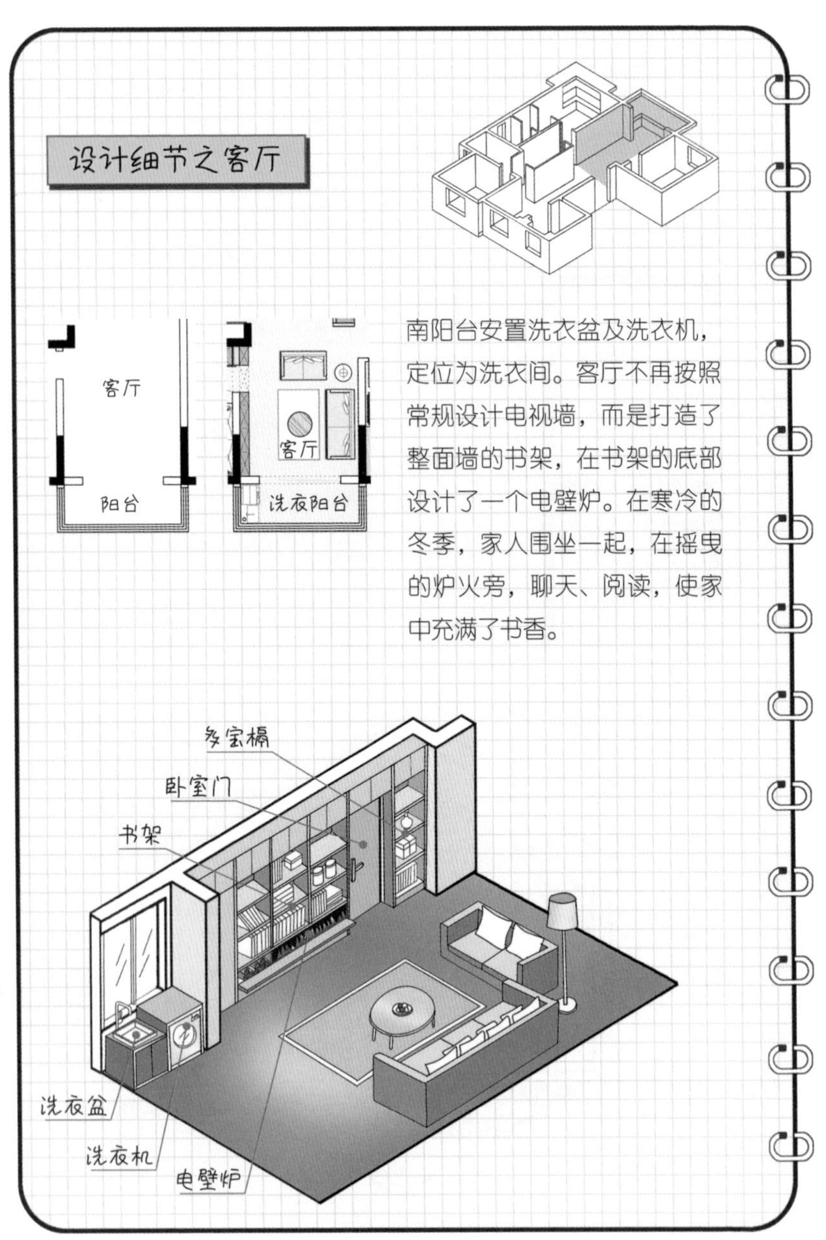

南阳台安置洗衣盆及洗衣机，定位为洗衣间。客厅不再按照常规设计电视墙，而是打造了整面墙的书架，在书架的底部设计了一个电壁炉。在寒冷的冬季，家人围坐一起，在摇曳的炉火旁，聊天、阅读，使家中充满了书香。

设计细节之男孩房

男孩房床下打造了一个小型衣帽间，上下床的踏步内也暗藏了储物抽屉，充分利用了每一寸空间。在实用的前提下，尽量增加童趣元素，在两个床之间，设计了一个带小熊图案的镂空隔断，方便两兄弟互动。

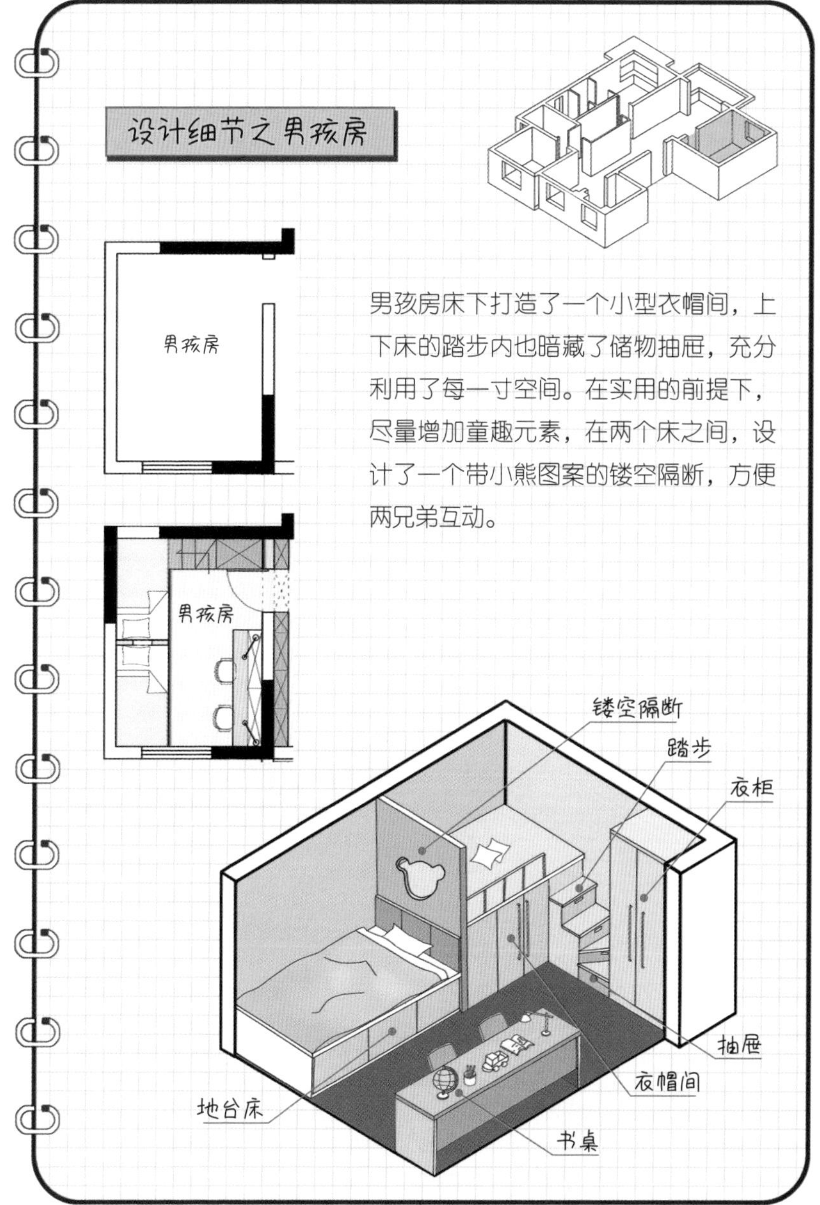

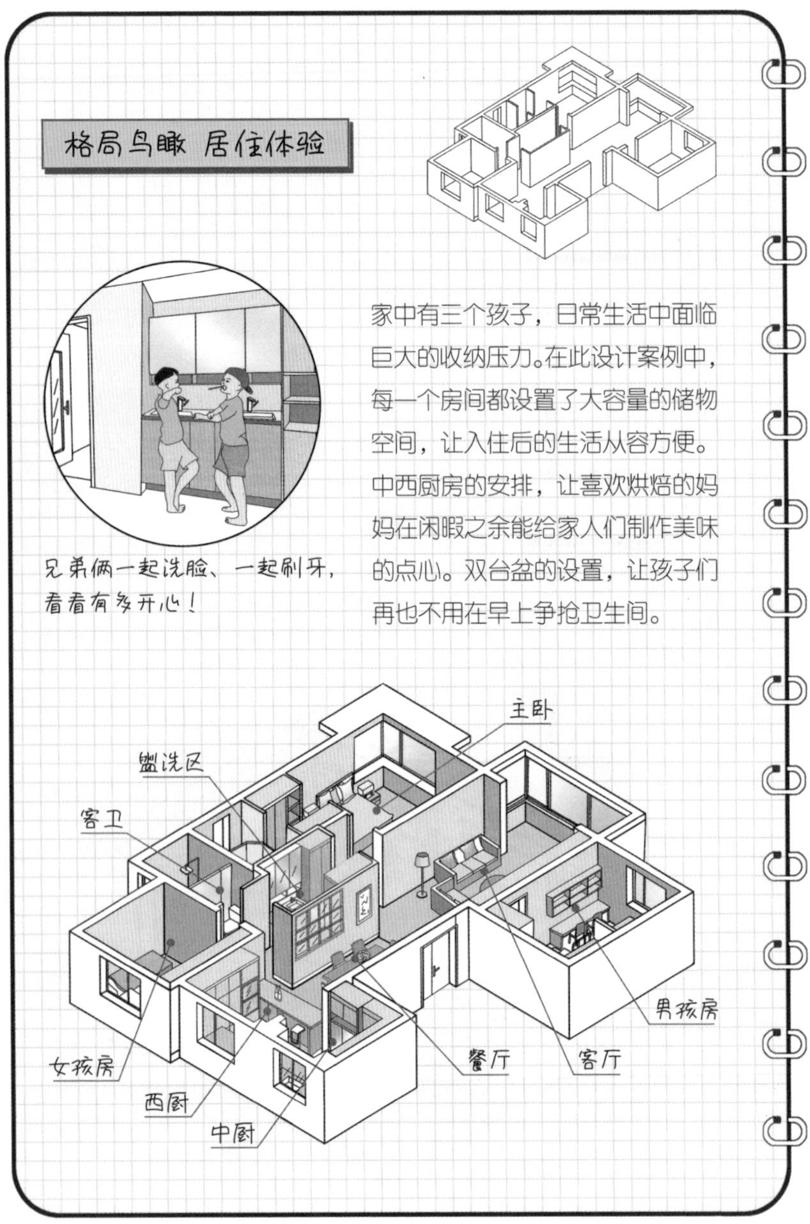

格局鸟瞰 居住体验

家中有三个孩子，日常生活中面临巨大的收纳压力。在此设计案例中，每一个房间都设置了大容量的储物空间，让入住后的生活从容方便。中西厨房的安排，让喜欢烘焙的妈妈在闲暇之余能给家人们制作美味的点心。双台盆的设置，让孩子们再也不用在早上争抢卫生间。

兄弟俩一起洗脸、一起刷牙，看看有多开心！

知识加油站

■ 壁炉

壁炉起源于西方，兼具装饰作用和实用价值，是在室内靠墙砌的生火取暖设备。在漫长的冬季里，家人围炉夜话，火光照映下，人与人之间的关系更加亲密。

壁炉可分为真火壁炉和假火壁炉两大类。真火壁炉主要包括燃木壁炉、燃气壁炉与酒精壁炉。使用燃木壁炉时，需要一个烟筒排烟，所以它只适合在别墅或乡间住宅使用。燃气壁炉与酒精壁炉构造相对简单，普通楼房家庭也能使用。

电壁炉属于假火壁炉。靠灯光的反射产生二维平面火焰，配以仿真火炭，模仿真木燃烧效果。

燃木壁炉取暖性与装饰性最佳，相对价格也最贵，适合别墅家庭使用。普通楼房家庭更适合选择燃气壁炉、酒精壁炉、电壁炉。

■ 家务间

家务间一般是指把烦琐的家务活动，比如洗衣、烘干、熨烫、收纳等诸多环节，集中在一个区域进行解决的空间。另外家务中经常使用的物品，如洗化用品、清洁工具、维修工具也可一并进行收纳。家务间的设置会提高家务劳动效率、缓解劳动强度，深受现代家庭的欢迎。

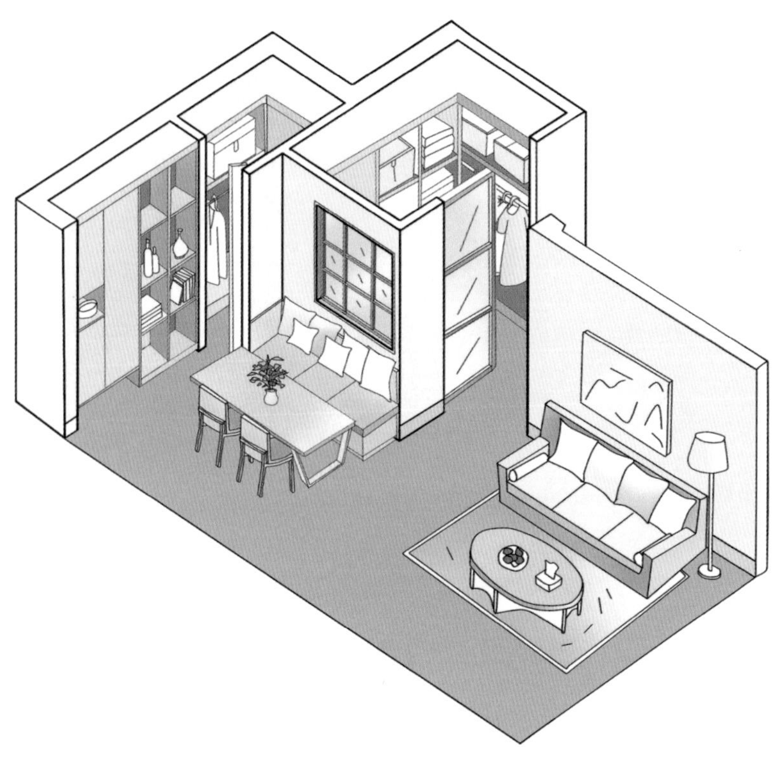

一起白头偕老的金婚之家

委托人：Q 老夫妇

核心诉求：储物空间充足、相对独立生活又方便互相照顾

- Q 先生：企业退休职工
- Q 太太：银行退休职工

家庭档案

Q 夫妇结婚多年，膝下只有一个女儿，是老两口的掌上明珠。女儿早已出嫁，有了自己的小家庭独立在外生活。但 Q 夫妇还是牵挂着女儿，这次置换房子，就是为了便于相互照顾，所以一起购买了相邻的两套房屋。Q 夫妇对房屋的设计工作格外重视，作为可能是人生之旅的最后一套房子，希望能将房子装修得舒舒服服，让夫妻二人携手一起安度晚年。

对户型的不满

- 入户门正对卧室门。
- 卫生间空间狭小。
- 小阳台不太好利用。
- 餐区空间存在浪费。

对设计的期望

- 增加入户过渡空间。
- 扩大卫生间的面积。
- 增加储物收纳空间。
- 夫妻习惯分房居住。

房屋信息

- 房屋状况：新房
- 户型结构：三室两厅
- 建筑面积：110m^2
- 建筑结构：框架结构

房型分析

- 空间分区：★★★★
- 通透性： ★★
- 空间比例：★★★
- 动线组织：★★★★

1) 入户门正对卧室门，入户没有过渡区域，私密性也得不到保障。

2) 卫生间及厨房的空间狭小，使用起来不方便。为厨卫通风所设的小阳台不好用，造成了空间浪费。

3) 餐区空间宽大，不充分利用就会浪费空间。

4) 主卧门洞外的储物小空间，形同鸡肋。

设计思路

- 此户型虽为小三居的格局，但平时只是夫妇二人居住，空间相对宽敞。所以在规划设计中，尽量保持空间的畅通，如果需要分隔内墙，可考虑利用内窗增加空间通透性。
- 充分利用空间，尽可能增强储物功能。居家生活尤其是老年夫妇更是物品繁多，在设计时应提前考虑让所有的物品都有专属的收纳场所，家中才会清爽、干净。
- 划分空间时要注重居住生活的私密性。增强空间的过渡和空间层次感，提升居住质量。
- 厨卫是家庭生活使用最频繁的空间，在设计中需要重视。因为这两个空间使用起来越方便，屋主的幸福指数越高。

户型设计初稿

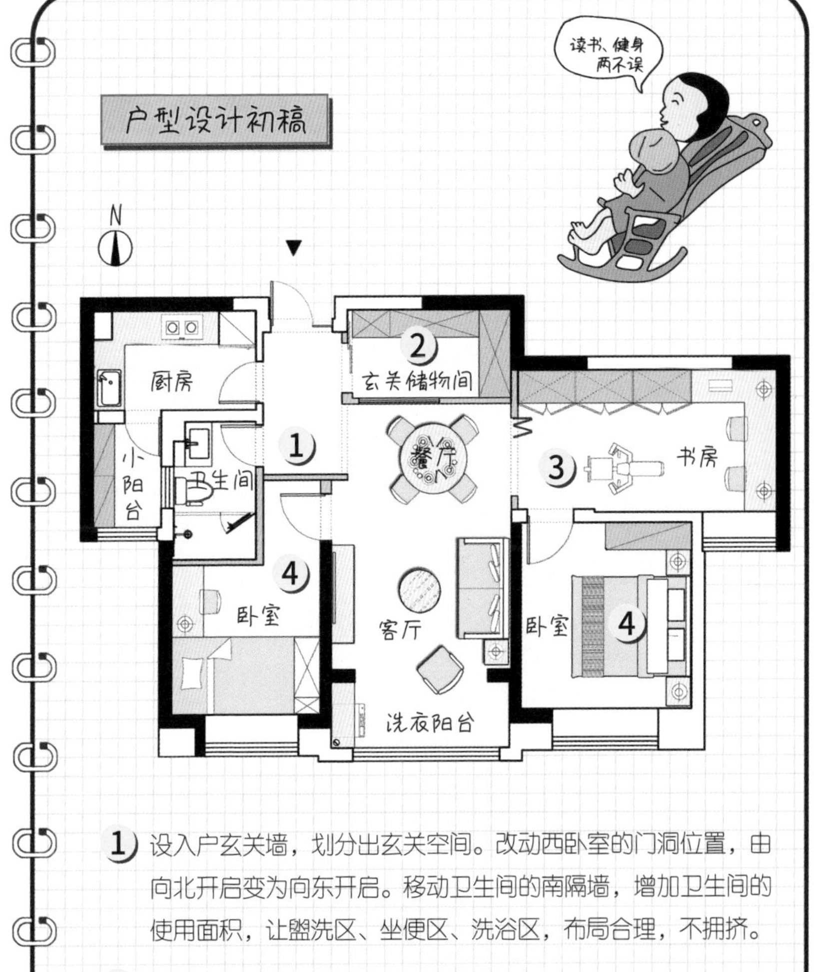

1. 设入户玄关墙，划分出玄关空间。改动西卧室的门洞位置，由向北开启变为向东开启。移动卫生间的南隔墙，增加卫生间的使用面积，让盥洗区、坐便区、洗浴区，布局合理，不拥挤。
2. 利用餐厅部分区域，打造出一个玄关储物间，以放置杂物。
3. 东北房间改造为半开敞式多功能书房，也可作为健身场所。
4. Q 太太喜欢睡大床，所以住在东卧室，西卧室为 Q 先生卧房。

方案讨论 信息反馈

满意之处

1. 拥有了玄关过渡空间，入户门不再直冲卧室门。Q 夫妇对这个设计细节很满意。
2. 卫生间的空间扩容，让盥洗区、坐便区、淋浴区，互不打扰，使用更方便。
3. 拥有了独立的收纳房间，在书房区也设置了储物柜，增强了家庭的收纳能力。

需要调整之处

1. 希望两人的卧室能靠近一些，随着年龄的增加，可以更好地相互照顾。
2. 厨房及卫生间还是感觉闭塞，空间不够流畅。卫生间的扩容无形中又挤压了卧室的空间。厨卫间的小阳台利用不充分。
3. 餐区在家庭交通的动线上，对日常通行有阻碍。

户型设计终稿

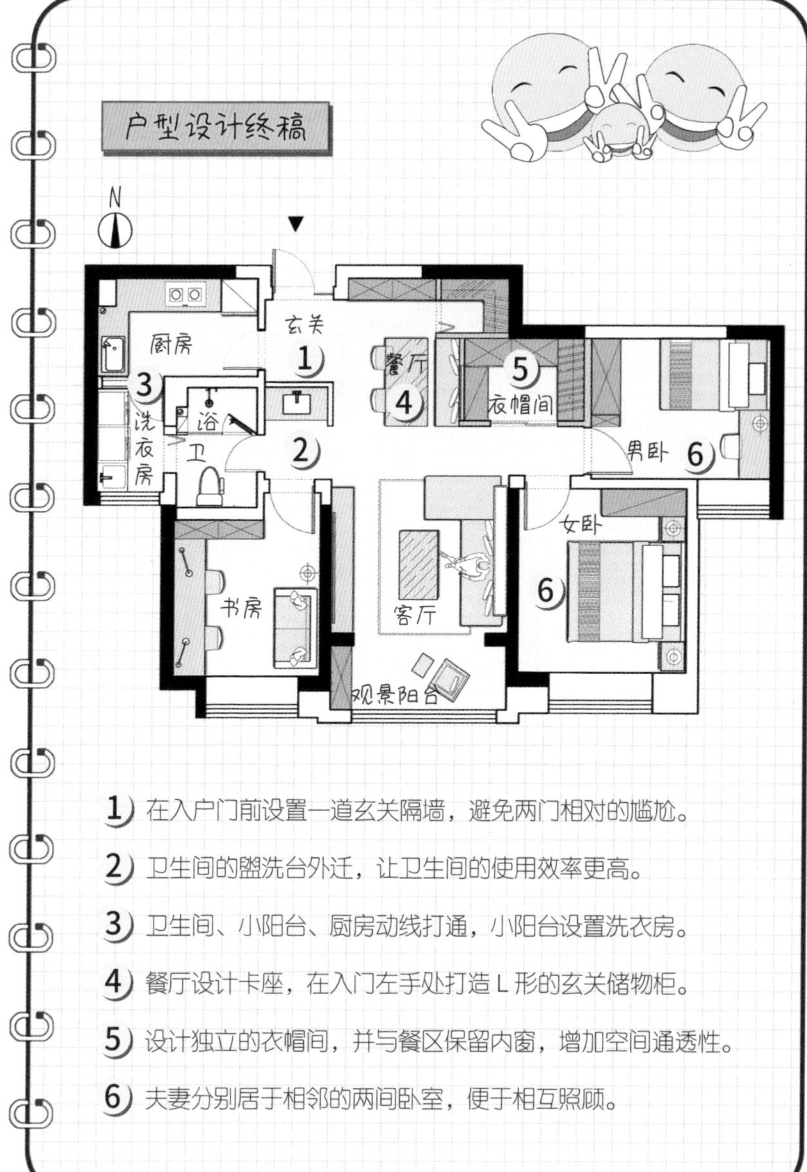

1) 在入户门前设置一道玄关隔墙，避免两门相对的尴尬。

2) 卫生间的盥洗台外迁，让卫生间的使用效率更高。

3) 卫生间、小阳台、厨房动线打通，小阳台设置洗衣房。

4) 餐厅设计卡座，在入门左手处打造 L 形的玄关储物柜。

5) 设计独立的衣帽间，并与餐区保留内窗，增加空间通透性。

6) 夫妻分别居于相邻的两间卧室，便于相互照顾。

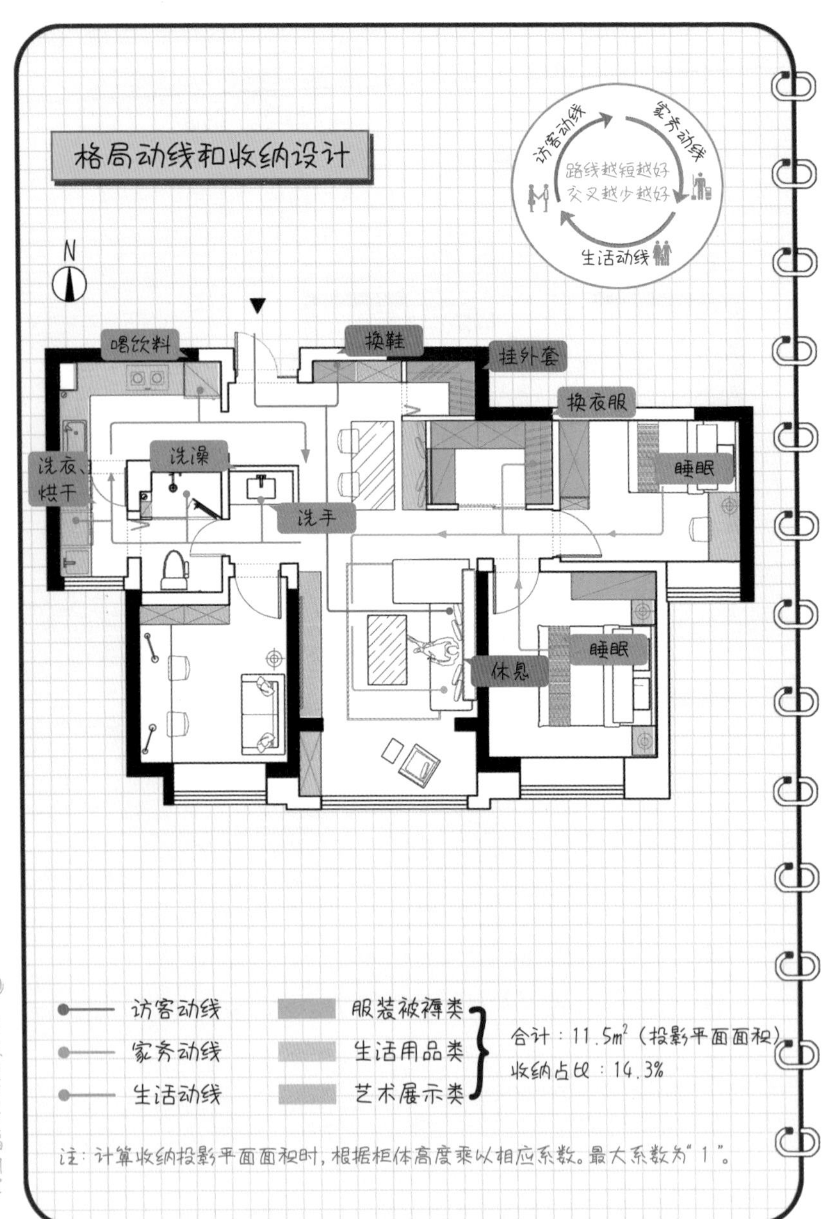
格局动线和收纳设计
访客动线
家务动线
生活动线
路线越短越好
交叉越少越好
N
喝饮料
换鞋
挂外套
换衣服
洗衣、
烘干
洗澡
洗手
睡眠
休息
睡眠
访客动线
家务动线
生活动线
服装被褥类
生活用品类
艺术展示类
合计：11.5m²（投影平面面积）
收纳占比：14.3%
注：计算收纳投影平面面积时，根据柜体高度乘以相应系数。最大系数为"1"。

设计细节之餐厅

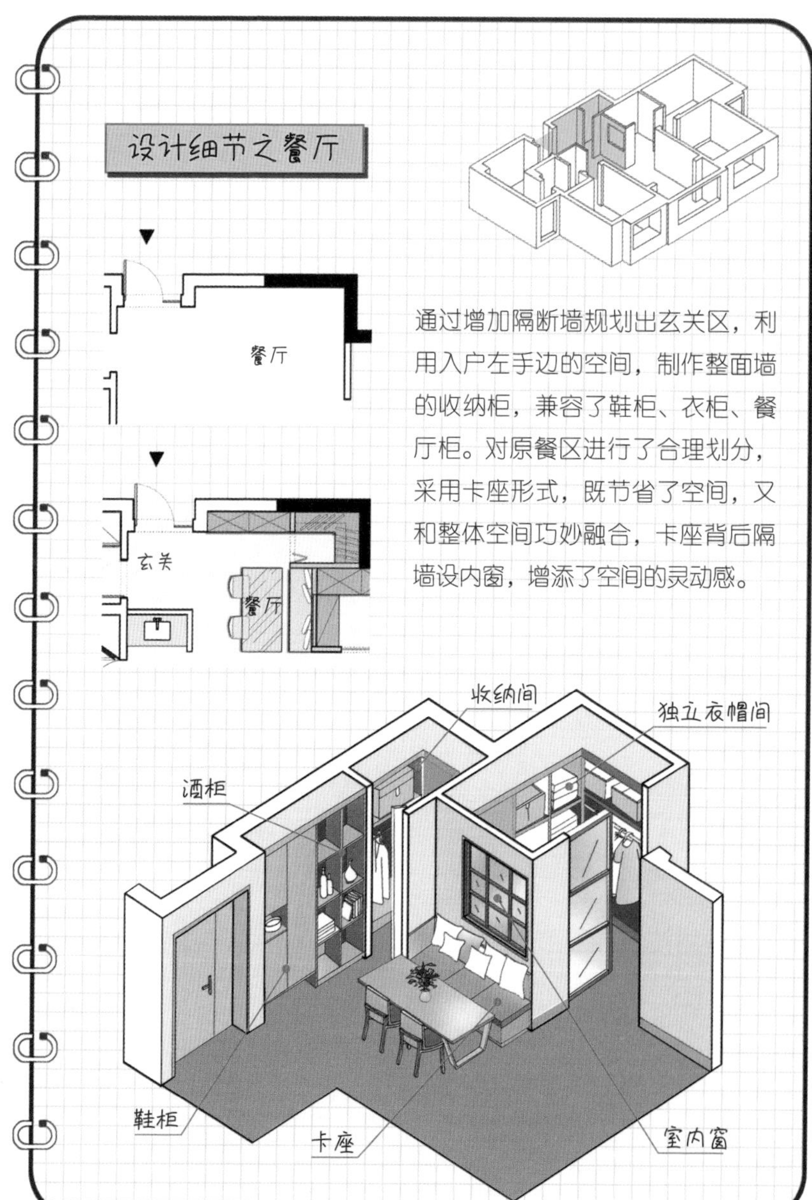

通过增加隔断墙规划出玄关区，利用入户左手边的空间，制作整面墙的收纳柜，兼容了鞋柜、衣柜、餐厅柜。对原餐区进行了合理划分，采用卡座形式，既节省了空间，又和整体空间巧妙融合，卡座背后隔墙设内窗，增添了空间的灵动感。

设计细节之客厅

南阳台不再保留洗衣功能，改作观景休闲区，与客厅融为一体，日常使用更宽敞、舒适。玄关过渡空间的设置，也增强了客厅的层次感。

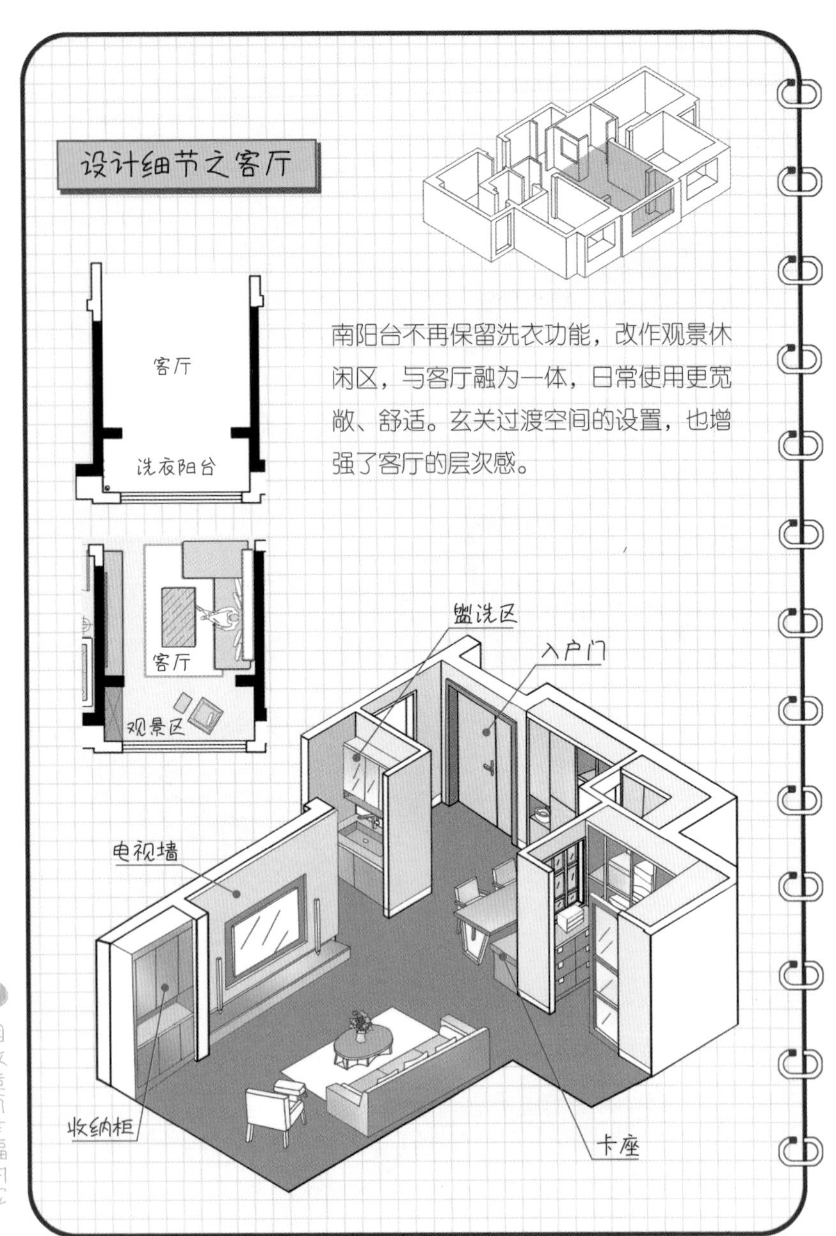

设计细节之厨卫区

卫生间进行分离设计，优化洁具的位置，使用上便捷了许多。原小阳台设为洗衣房，并与卫生间通过折叠门相通，让厨房、洗衣房、卫生间形成洄游线路，缩短了家务动线，减轻了做家务的强度。

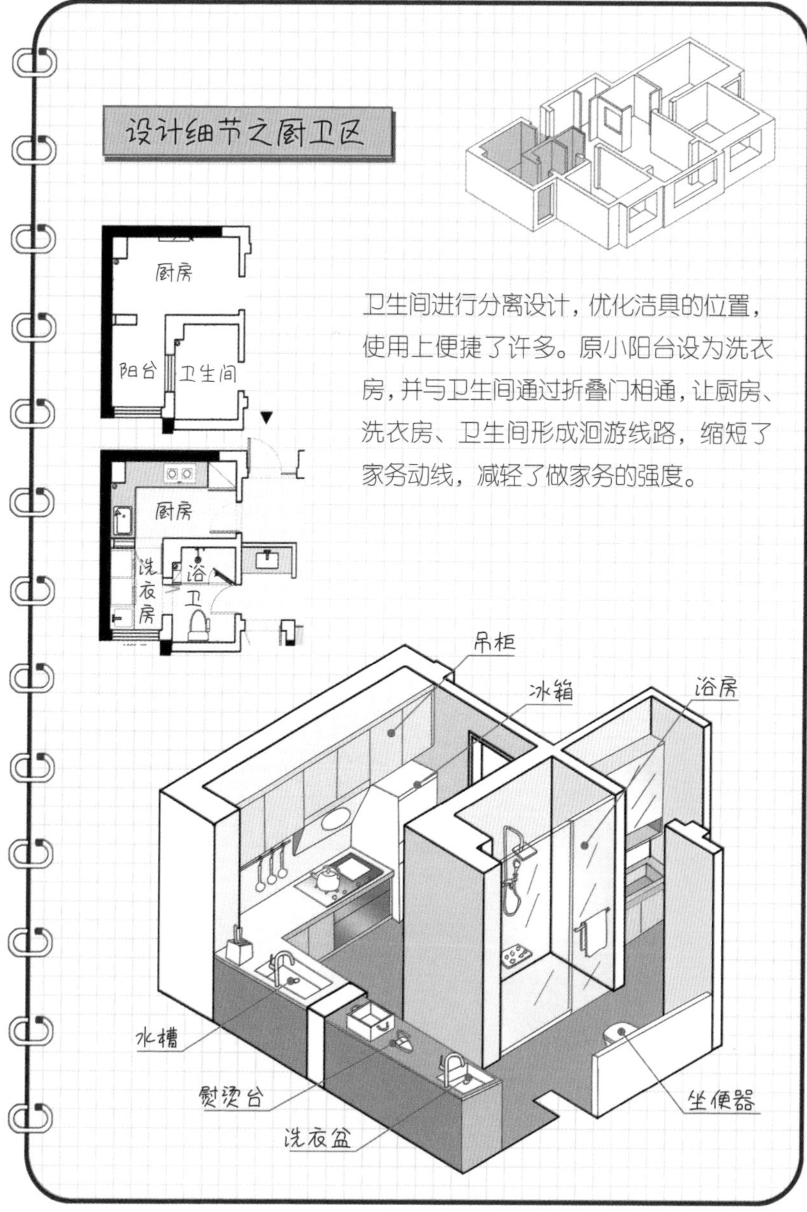

设计细节之书房

原西次卧设为书房。此空间光照充足，夫妇二人可在此看书，女儿来了可以在此上网。2.8m 长的工作台，两人同时使用，空间也很富裕。多功能的沙发，既可以用于休闲，也可临时作为客房床。

设计细节之卧室

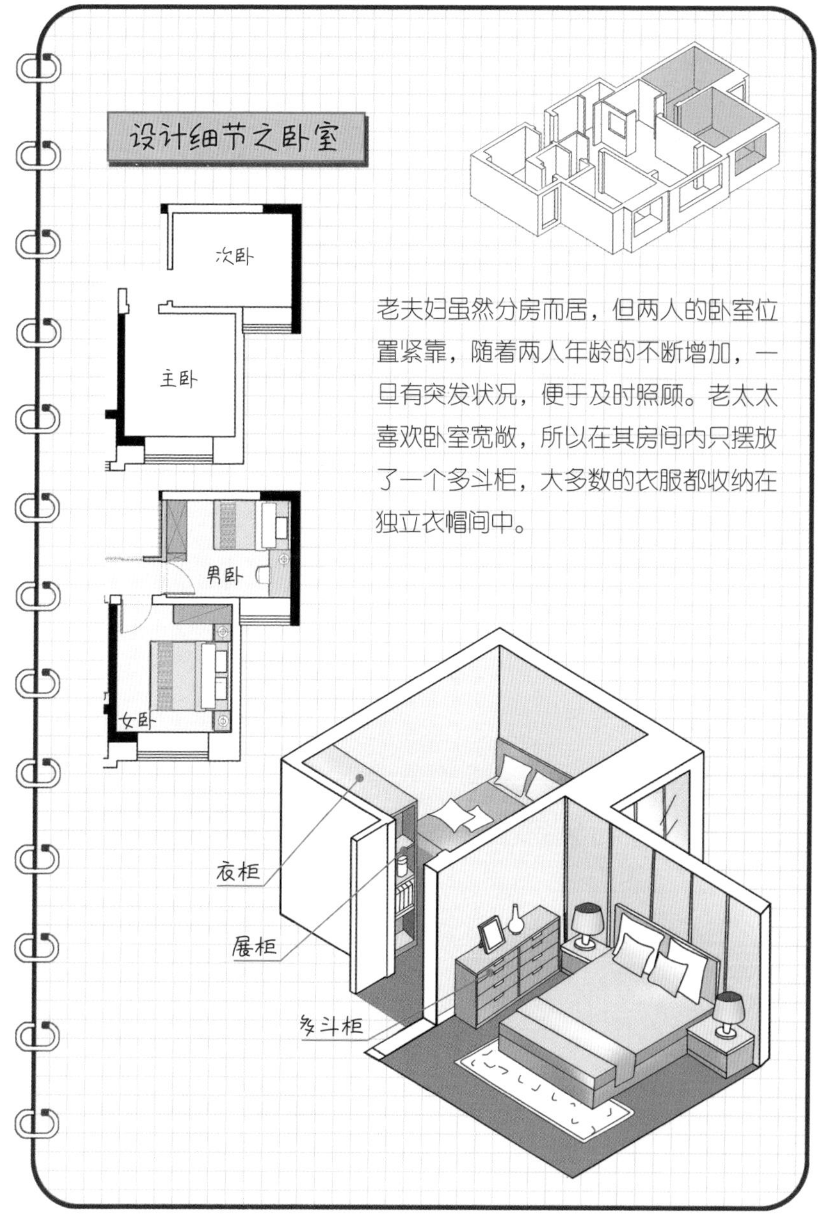

老夫妇虽然分房而居，但两人的卧室位置紧靠，随着两人年龄的不断增加，一旦有突发状况，便于及时照顾。老太太喜欢卧室宽敞，所以在其房间内只摆放了一个多斗柜，大多数的衣服都收纳在独立衣帽间中。

格局鸟瞰 居住体验

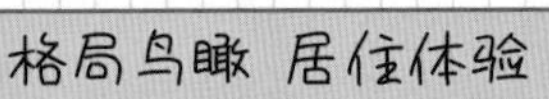

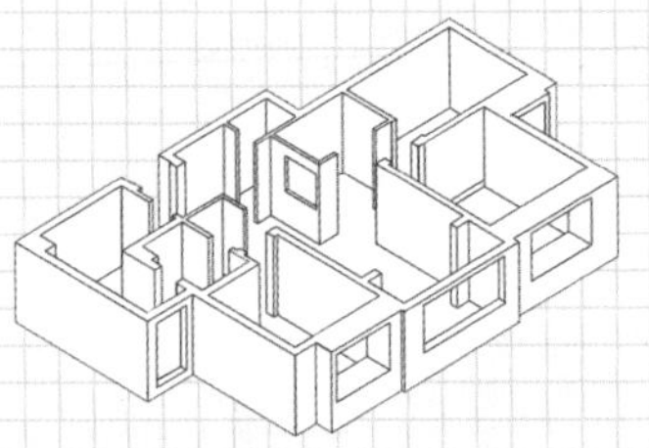

原三室一厅一卫的格局调整后，增加了独立的衣帽间、玄关收纳间，但空间丝毫不觉得拥堵。老太太的卧室没有安放大的衣柜，只是摆放了一个多斗柜，大部分的衣物都收纳进了独立衣帽间，通过合理的配置，空间似乎更加宽敞。卫生间的分离设计，使原本难以使用的小阳台得到合理利用，家务劳作也轻松了许多。对改造后的家庭格局，委托人夫妇都很满意。

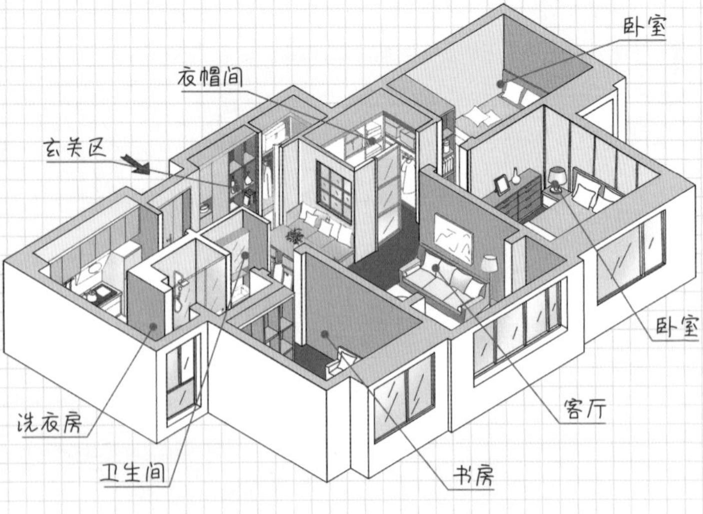

卧室
衣帽间
玄关区
卧室
洗衣房
客厅
卫生间
书房

知识加油站

■ 三分离式卫生间

三分离式卫生间设计，就是将盥洗、如厕、洗浴三大功能板块进行隔离设计。三分离式卫生间主要有以下优点：

1）提高了卫生间的使用效率。在传统的干湿分离中，坐便器、淋浴房、洗漱台无法同时使用，三分离的设计就解决了这个难题。家人洗漱、如厕、洗浴，互不干扰，提高了生活效率。

2）实现干湿分离。传统的干湿分离只是在卫生间里设置一个淋浴间，这种划分往往比较简单。而三分离把淋浴房单独隔开，干区的地面则更容易保持干燥，真正实现了干湿分离。

3）让卫生间使用更加健康。一般的干湿分离是将坐便器和盥洗区放在一起，而冲坐便器时可能会带来一些细菌，这些细菌飘落在牙刷和其他日用品上面，可能会引起一些健康问题。如果将坐便器独立开来，使用起来会更加健康卫生。

■ 室内窗

室内窗就是在房屋内部开设的窗户，具有很好的装饰性及实用性。室内窗有以下优点：

1）增加采光性。局部空间采光不足时，可开设室内窗“借光”。

2）室内窗可以让室内的通风状况更好，提高空间的通透性。

3）丰富空间层次感，让视觉更加丰富。

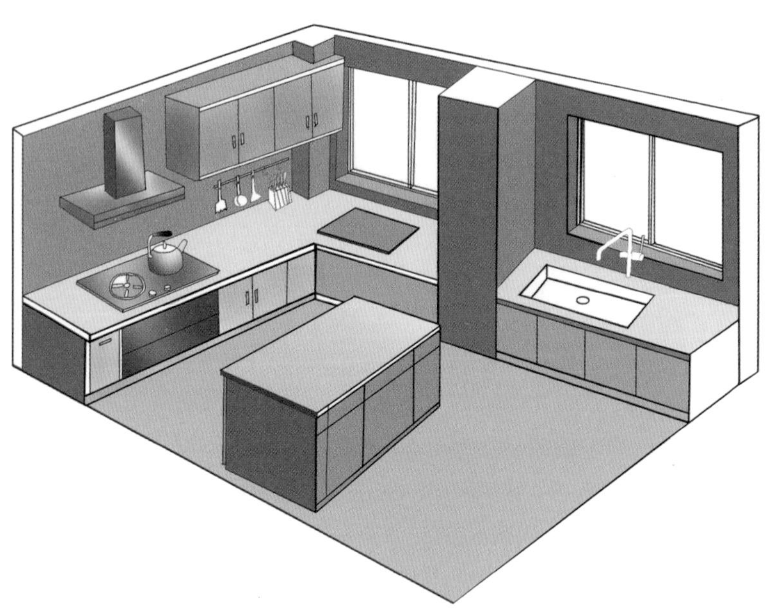

后半辈子越话越年轻的家

委托人：D 夫妇 + 女儿

核心诉求：空间宽敞、安度晚年、满足业余小爱好

- D 先生：国企退休职工
- D 太太：事业单位退休职工
- 女　儿：海外学习、工作

家庭档案

委托人一家三口，D 夫妇及独生女儿。在女儿升入大学后，为了女儿上学乘车方便，D 夫妇将位于市中心的房屋卖掉，在偏僻的高铁站附近安置了新家。女儿大学毕业后又选择了出国继续深造，定居海外。这让 D 夫妇既欣慰又茫然，经过思考，他们感觉这大半生都是为家庭、为孩子而忙碌，现在应该开始过自己想要的生活了。他们卖掉城市边缘的房子，重新搬回了市中心，但是房价经过这些年的飞涨，已经买不回原来的大房子了，于是买了一套很紧凑的小三室，希望能通过设计打造出一个安度后半生的家。平时夫妻俩居住，在海外工作的女儿也会常回家看看。

对户型的不满

- 餐厅设计欠佳，空间不好用。
- 卧室空间局促，感觉很憋闷。

对设计的期望

- 让餐区使用方便。
- 增加空间的储纳能力。
- 腾出能满足主人爱好的空间。

房屋信息

- 房屋状况：毛坯新房
- 户型结构：三室两厅
- 建筑面积：75m²
- 建筑结构：框架结构

房型分析

- 空间分区：★★
- 通透性：★★★
- 空间比例：★★
- 动线组织：★★

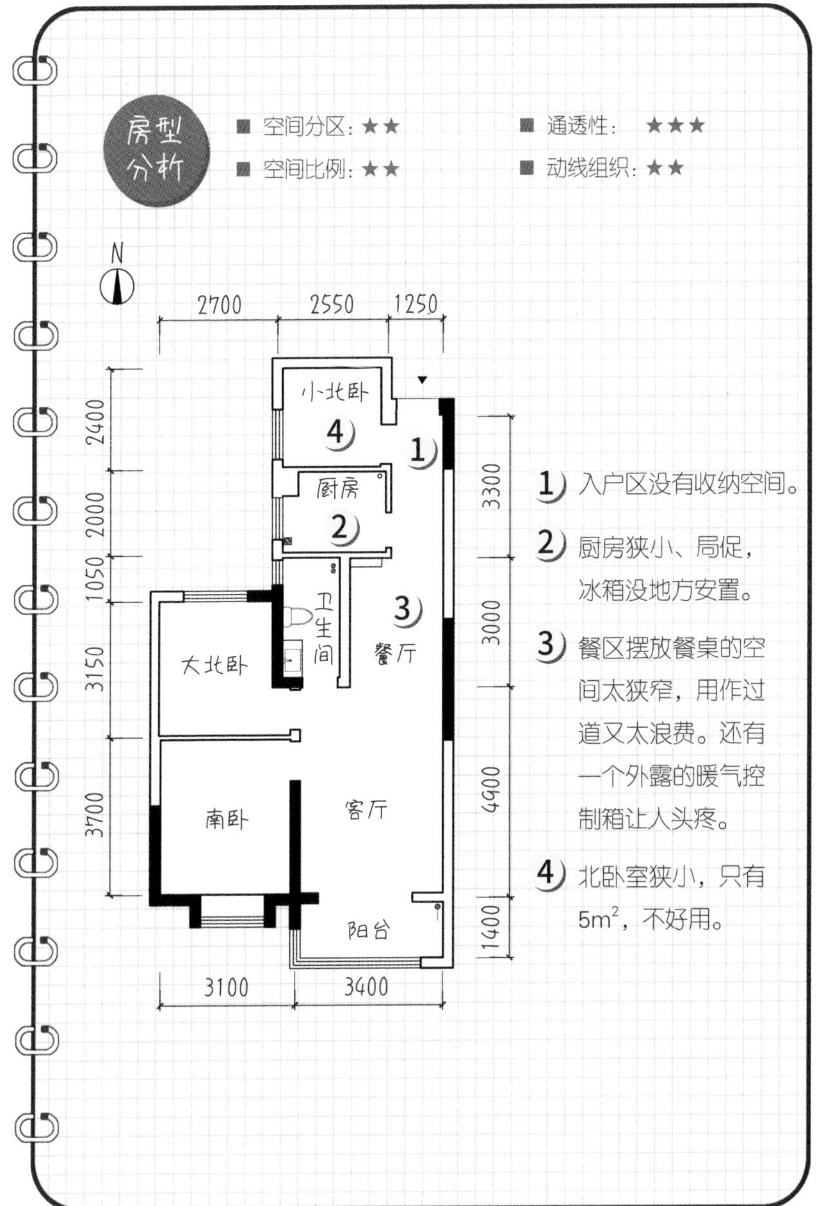

1) 入户区没有收纳空间。

2) 厨房狭小、局促，冰箱没地方安置。

3) 餐区摆放餐桌的空间太狭窄，用作过道又太浪费。还有一个外露的暖气控制箱让人头疼。

4) 北卧室狭小，只有 $5m^2$，不好用。

设计思路

- 此房型最大的缺陷就是客餐厅设置不合理，原因主要在于卫生间设置得不合理。要想解决这个问题，必须对卫生间进行调整，但北方的卫生间大多数都是隔层排水，并且下水主立管都在卫生间，其位置难以改动。

- 现厨房空间狭小，需要扩容。拆除厨房与狭小的北卧室之间的隔墙不失为一个好办法，但贯穿整栋楼的煤气立管就处在厨房与北卧室之间，它是万万动不了的，这可怎么办？

- 通过前期与委托人沟通得知，D 先生最大的爱好是摄影。但由于年轻时工作繁忙及照顾家庭，并没有太多的时间来满足这个爱好，现在终于有时间了，打算重新拾起摄影爱好。D 先生最大的梦想是有个照片冲洗间，哪怕面积小一点、简陋一点也没关系，设计师打算满足他这个小心愿。

- 在很多的家庭设计中，为了满足居住需求，都需要尽量增加房间，很多时候不得不牺牲生活的舒适性。此案例虽然是三室，但每间卧室都很狭小，而家庭日常只有老夫妇两人居住，改造或许可以做减法，减少房间数量，以提高居住的舒适性。

户型设计初稿

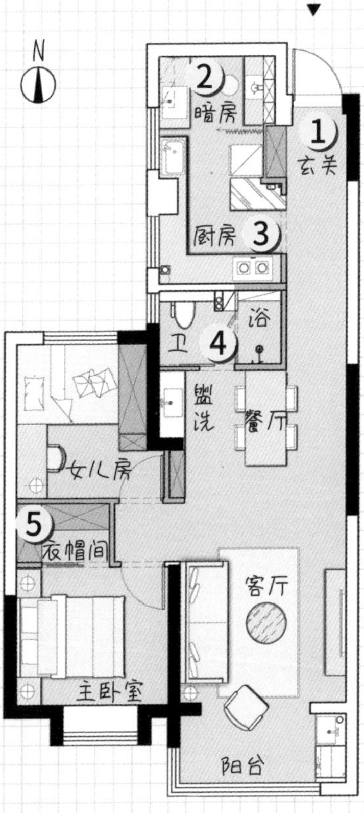

1. 在原北卧室的门洞处设置了玄关柜，解决入户收纳需求。

2. 利用原北卧室的局部空间，打造了一个小型摄影暗房。

3. 厨房与北卧空间合并，整体变得宽敞。由于厨房的煤气立管在原空间的西北角，因此保留了局部隔墙。

4. 在保证卫生间排气管道及下水立管不动的前提下，将卫生间进行了 90° 的旋转。盥洗台外迁，实现干湿分离。

5. 调整大北卧的门洞位置，加大餐区空间。在南卧与大北卧之间设计了衣帽间，以增强家庭的收纳能力。

方案讨论 信息反馈

满意之处

1. 男主人对专为自己打造的暗房非常惊喜，满足了多年的心愿。
2. 改造后的厨房变得宽敞，L 形的操作台及中岛，让烹饪变得轻松。家中的冰箱也有了安置的空间，女主人对此很满意。

需要调整之处

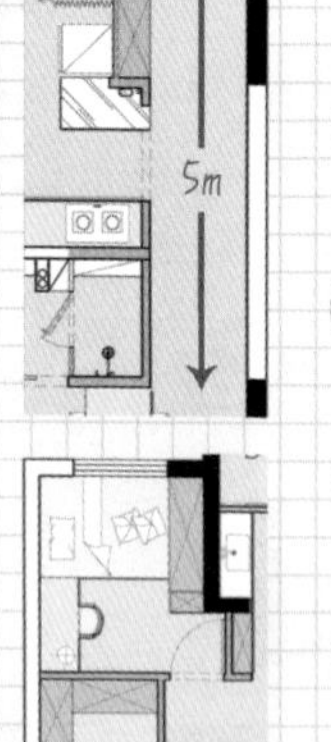

1. 卫生间的调整，使餐厅空间使用起来很方便。但入户后的走廊过长，稍感遗憾，希望能改进。
2. 主卧拥有了衣帽间，收纳衣物比较方便，但摆放完床体及床头柜后，空间已经所剩无几。
3. 退休后的女主人，准备报名去老年大学学习舞蹈，平时也喜欢练瑜伽，但现在的家庭空间，似乎找不到合适的地方锻炼。
4. 设计方也专门通过网络与远在海外的女儿进行了沟通。女儿希望在这次装修设计中，尽量给父母一个更宽敞的休息空间。由于自己每年回来的时间非常短暂，可以不用给自己设置专用的卧室，有需要时可以临时借用书房。

户型设计终稿

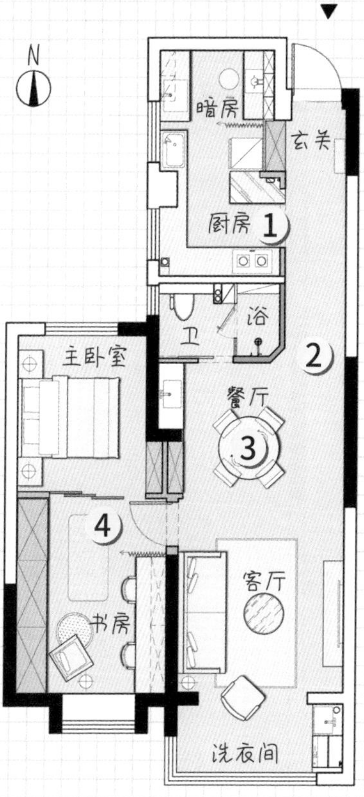

1. 玄关、厨房、暗室与第一稿保持一致，扩充了厨房的操作面积，又打造了小型照片冲洗暗房。玄关处放置收纳柜解决了物品的存放问题。

2. 卫生间隔墙的折角处理，改善了过道的狭长感。

3. 餐厅放弃了长方形的餐桌，转而采用圆形餐桌，让空间整体变得圆润、柔和。

4. 拆除南卧与北卧的隔墙，空间完全打通，让原来的憋闷感一扫而空。规划出睡眠区、瑜伽区、储物区，光线最佳的地方为阅读区。

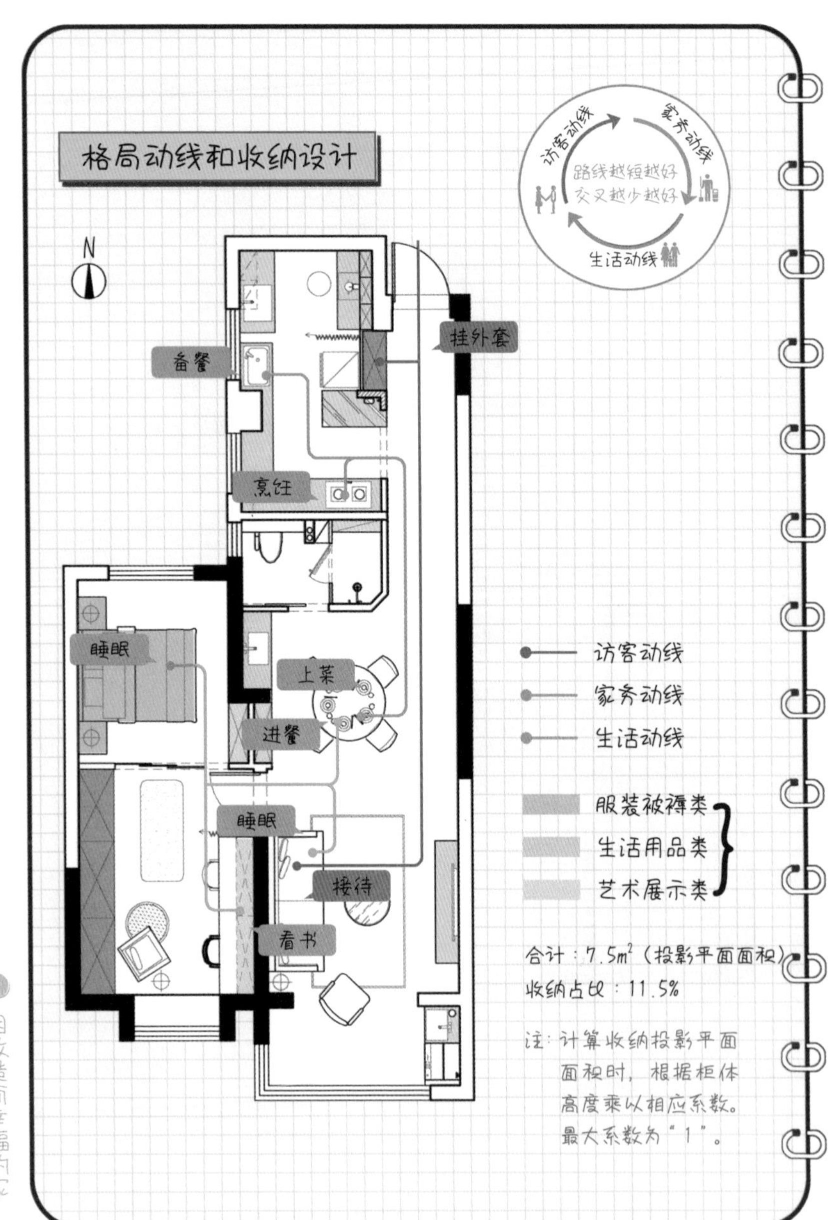
格局动线和收纳设计
N
访客动线
家务动线
生活动线
路线越短越好
交叉越少越好
挂外套
备餐
烹饪
睡眠
上菜
进餐
睡眠
接待
看书
访客动线
家务动线
生活动线
服装被褥类
生活用品类
艺术展示类
合计：7.5m²（投影平面面积）
收纳占比：11.5%
注：计算收纳投影平面面积时，根据柜体高度乘以相应系数。最大系数为"1"。

设计细节之玄关

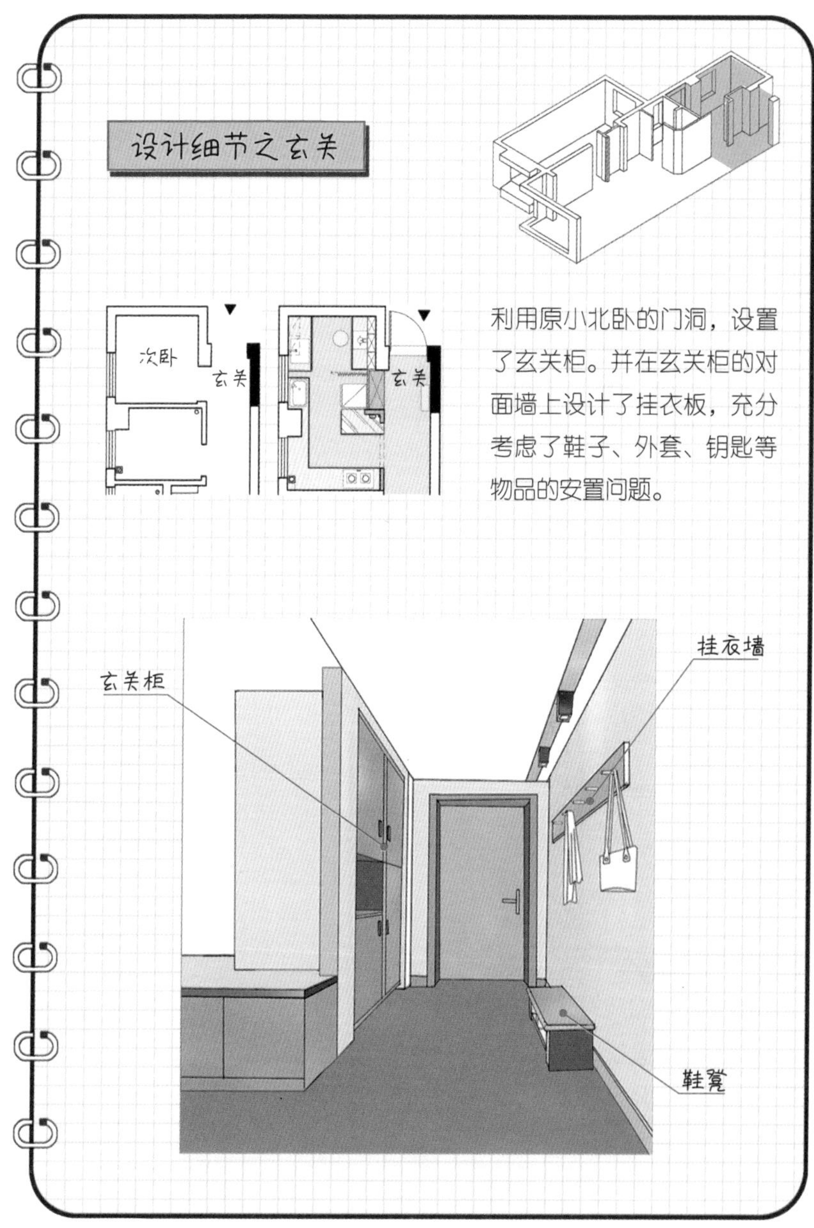

利用原小北卧的门洞，设置了玄关柜。并在玄关柜的对面墙上设计了挂衣板，充分考虑了鞋子、外套、钥匙等物品的安置问题。

设计细节之厨房

扩容后的厨房设置了中岛，原来无处安放的冰箱也得到安置。厨房扩容后，利用原小北卧剩余的空间给男主人打造了照片冲洗暗房，配备冲洗池、放大机等设备，在工作时利用深色帘进行隔光。

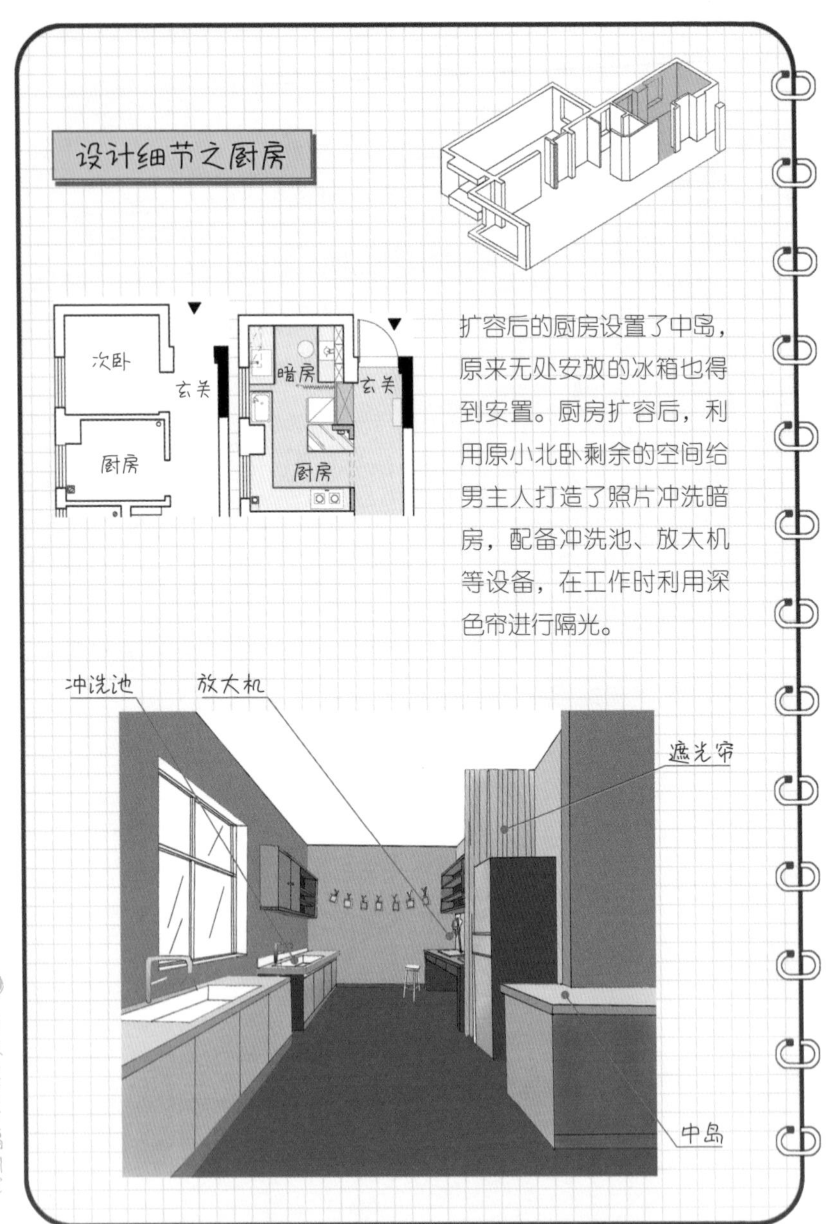

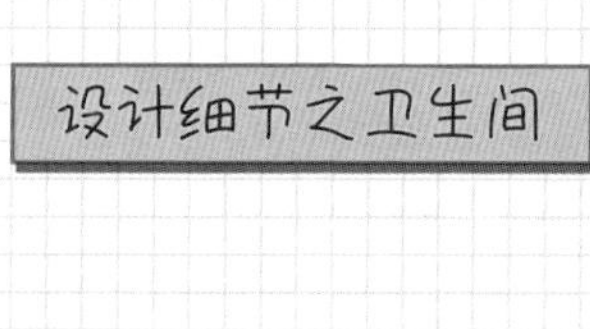

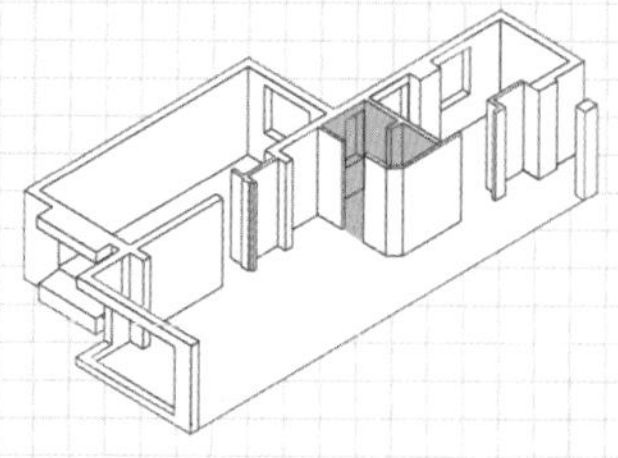

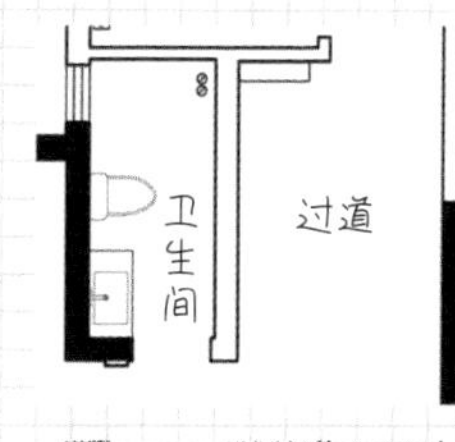

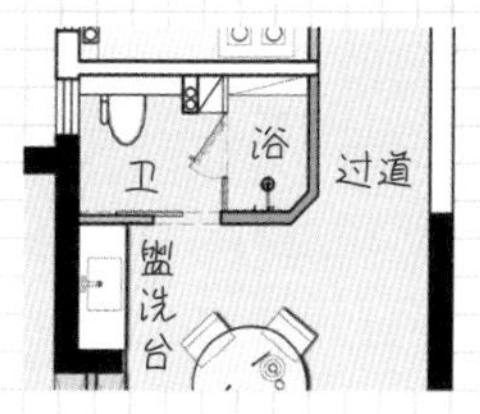

在保证下水立管不动的前提下，将卫生间做 90° 旋转，让整个客餐厅的布局变得合理。新建的隔墙采用玻璃砖材质，这种既防水又采光的材质，让空间变得灵动。隔墙的折角处理缩减了入户过道的长度。盥洗台外迁，做到了干湿分离。虽然家中只有一个卫生间，但使用效率得到了提高。

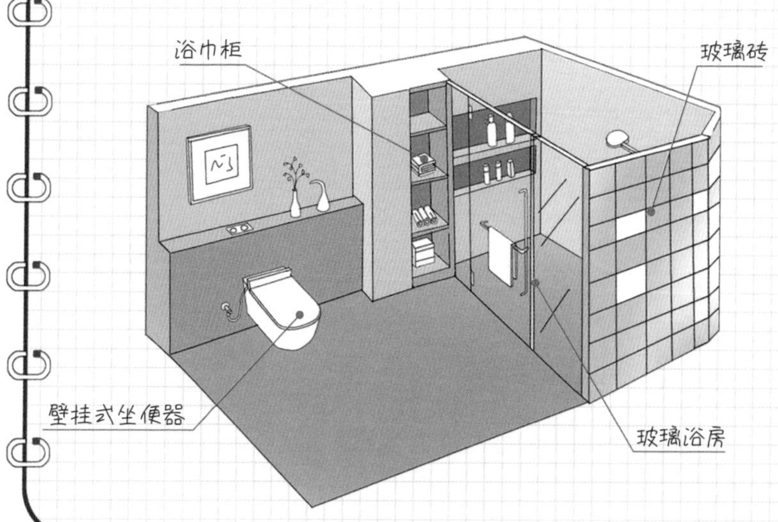

设计细节之客餐厅

将正对餐区的原北卧门洞封堵，使餐区更加完整，也避免了出入卧室的动线干扰。在原门洞位置，设计了一个精致的酒柜，用于放置餐具、茶具等物品。中间为展示区，摆放男主人精心收藏的美酒及心爱的艺术摆件，增加空间的生活氛围。餐桌改为圆形岩板餐桌，让整个空间更加柔和。在客厅摆放小巧轻盈的沙发，让整个空间显得更加宽敞。

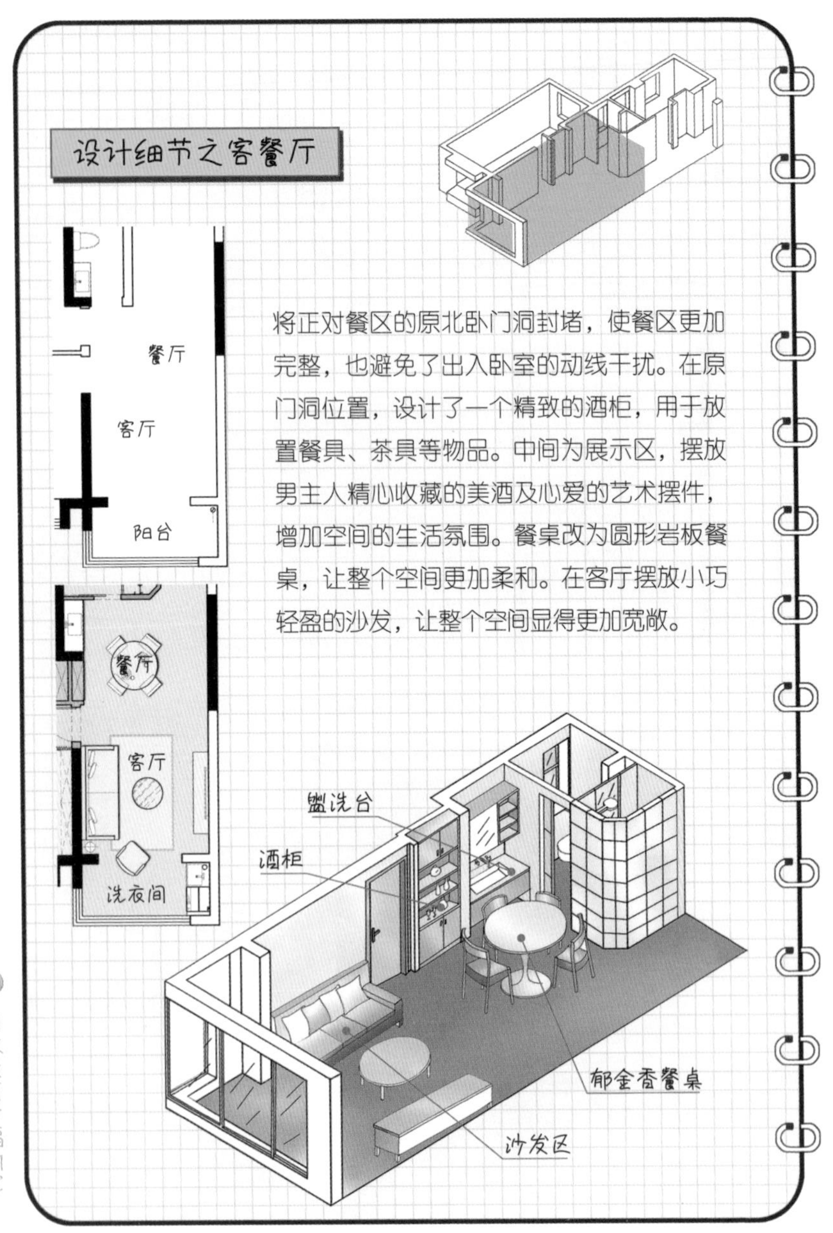

设计细节之卧室、书房

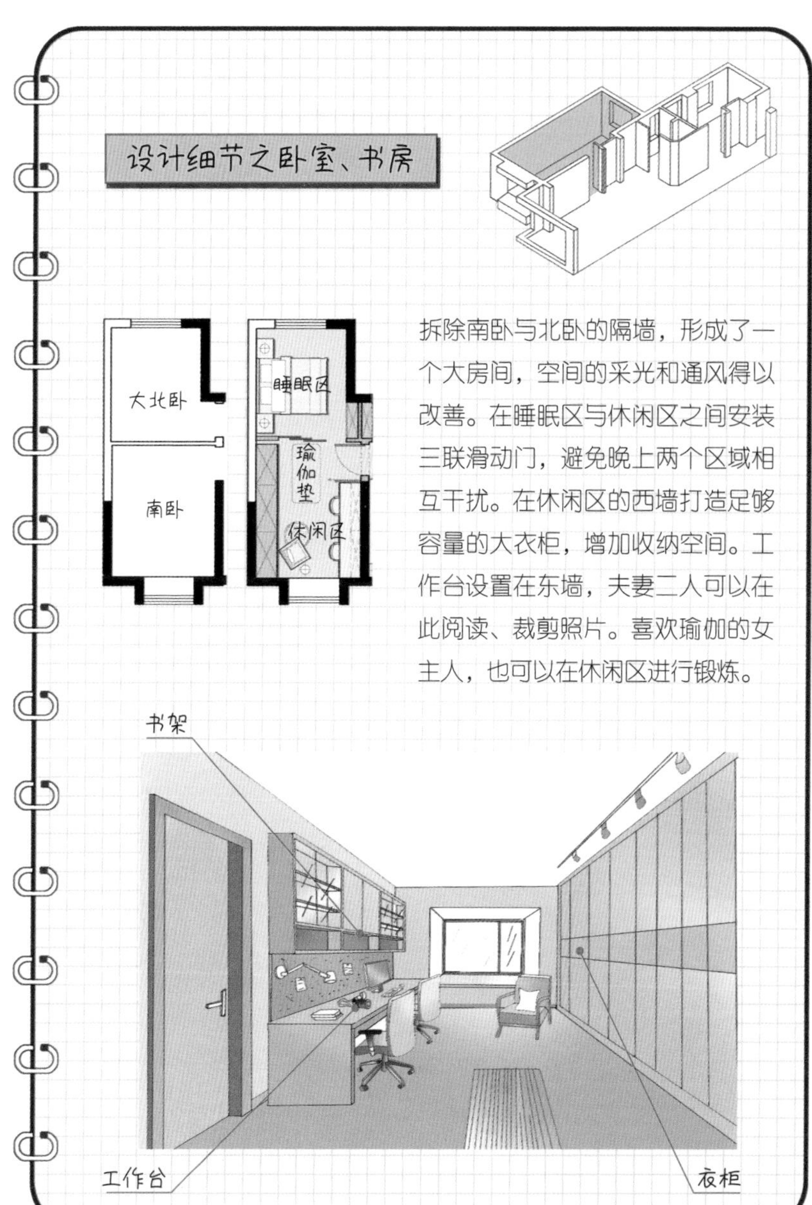

拆除南卧与北卧的隔墙，形成了一个大房间，空间的采光和通风得以改善。在睡眠区与休闲区之间安装三联滑动门，避免晚上两个区域相互干扰。在休闲区的西墙打造足够容量的大衣柜，增加收纳空间。工作台设置在东墙，夫妻二人可以在此阅读、裁剪照片。喜欢瑜伽的女主人，也可以在休闲区进行锻炼。

格局鸟瞰 居住体验

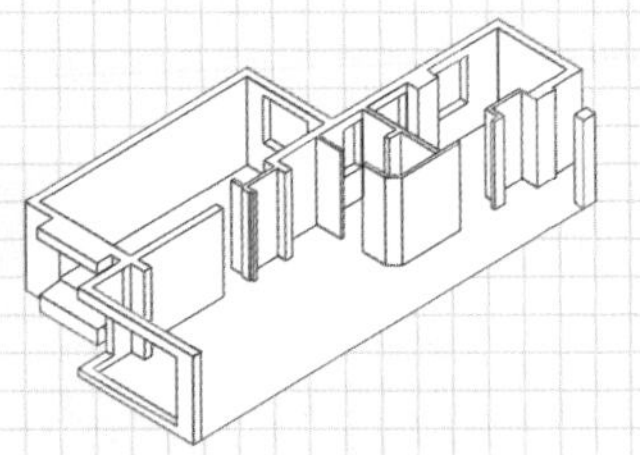

通过对空间的规划，原小三室两厅的拥挤户型，变成了美观舒适的两室两厅布局。虽然减少了一室，但整个空间的分区、通透性、动线、空间比例都得到了提升。忙碌了大半生的老夫妇，终于清闲下来，老爷子重新拾起了心爱的相机，取景、拍照、冲洗、泡论坛，忙得不亦乐乎。太太也报名老年大学，学习书法、舞蹈，生活得充实、甜蜜。随着社会的发展，会出现越来越多的空巢家庭。真心希望退休后的老人们都能像这对夫妇一样积极、乐观地在退休后开始人生的第二春，越活越年轻。

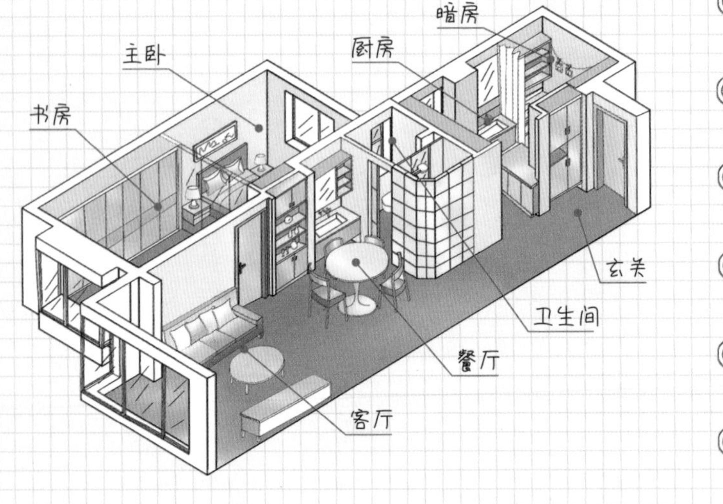

知识加油站

■ 郁金香椅

郁金香椅是美国设计大师埃罗·沙里宁最经典的作品之一，设计于 1956 年，采用塑料和铝两种材料，以宽大而扁平的圆形底座作为支撑，从下至上均为流畅的曲线，整个形体显得非常优雅，形如一朵浪漫郁金香，又像一只优雅的酒杯。

■ 郁金香桌

郁金香桌也被称为沙里宁餐桌，同样也诞生于设计大师埃罗·沙里宁之手。它摒弃了传统的四脚结构，采用中央单脚结构，使整个造型简洁大方，是一款经久不衰的家具杰作。

■ 玻璃砖

玻璃砖是用透明或有色玻璃料压制成形的块状或空心盒状的玻璃制品。其品种主要有玻璃空心砖和玻璃实心砖。多数情况下，玻璃砖并不作为饰面材料使用，而是作为结构材料，用于建造墙体、屏风、隔断等。玻璃砖具有隔声、隔热、防水、节能、透光良好等优点，在现代室内装修中得到了广泛应用。

适合老人居住的康复之家

委托人：Q 夫妇 + 年幼小姐妹 + 年迈祖父母

核心诉求：上有中风的老人，下有年幼小姐妹，需要一个能兼顾老幼的家

- 爷爷：脑中风患者
- 奶奶：照顾爷爷和孩子
- 爸爸妈妈（Q夫妇）：企业职员
- 姐姐：小学生
- 妹妹：幼儿园学生

三代同堂的六口之家。爷爷为中风后遗症患者，几年前的一次脑中风导致其语言功能丧失，右侧身体丧失活动能力，日常生活主要依靠左手、左脚，行动迟缓，主要靠奶奶照顾。爸爸妈妈在企业上班，工作繁忙，照顾两个孩子的工作也主要由奶奶完成。小姐妹年龄都很小，姐姐刚读小学，妹妹才上幼儿园。在装修设计上，大家一致认为首先应考虑患病爷爷的需求，希望根据他的身体状况，创造出一个更合适的环境。小姐妹年龄尚小，正处在顽皮好动的阶段，而患病的爷爷需要一个安静的环境。所以在空间划分上希望能给老人和孩子打造一个可合可分的空间。

对户型的不满

- 厨房空间狭小，连冰箱的位置都不容易安排。
- 四室的格局刚好满足居住需要，但缺少一个让孩子做作业的空间。

对设计的期望

- 需要一个宽大的厨房操作空间。
- 希望有一个陪孩子学习的书房。
- 给老人和孩子们打造一个可合可分的空间。

房屋信息

- 房屋状况：毛坯新房
- 户型结构：四室两厅
- 建筑面积：165m^2
- 房屋结构：框架剪力墙

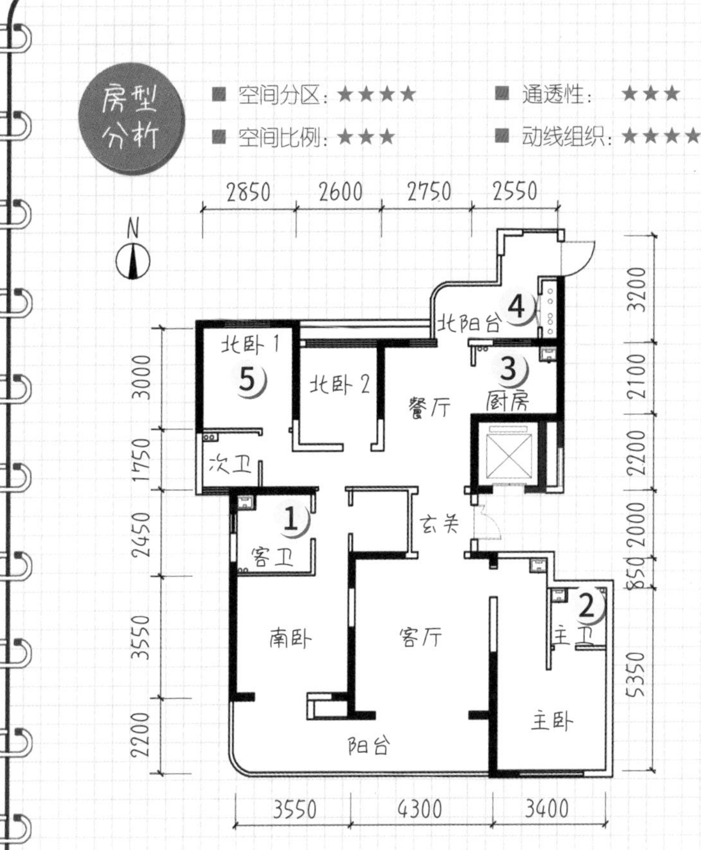

1) 客卫面积狭小且安排在了家庭的最深处，客人使用不方便。

2) 主卫空间狭小，没有合适的洗澡区。

3) 厨房狭小，两个人同时使用感觉拥挤，冰箱没有地方摆放。

4) 北阳台形状不规则，存在一个管道井和防盗门。

5) 两个北向的卧室面积狭小，没有空间放置衣柜。

设计思路

■ 作为一个三代同堂六口人的大家庭，成员中既有中风行动不便的爷爷，也有在上幼儿园的小孩。在进行设计规划时，需要兼顾每个家庭成员的不同需求。

■ 行动不便的老人是我们重点关照的对象，不但需要将老人房设置在日照充足、紧邻卫生间的区域，还要在细节上融入适老理念。比如在老人的行动路线上设置扶手，使其如厕更加方便，在淋浴间预留出陪护人的活动空间，设置夜间起夜时的灯光，考虑奶奶在进行家务劳作时，怎样才能随时兼顾爷爷。

■ 爸爸妈妈是家庭的顶梁柱，工作繁忙，压力大，还要照顾老人、孩子，所以需要有一个安静的休息空间，以便下班回家能更好地放松。还需要充足的收纳空间进行储物，整理孩子们的物品，同时还需要空间陪伴两个孩子做作业、讲故事、做游戏。

■ 年轻的爸爸妈妈与两个孩子在生活空间上，与爷爷奶奶最好既保持畅通，又能相对独立，给双方预留出一定的独立空间，以免相互干扰。

空间分配构思

爷爷行动不便，卧室需要尽量靠近卫生间。平时在家时间最长，卧室也要靠近客厅才好用。

爸爸妈妈对卧室的需求是既要有相对私密的空间能好好休息，又要方便照看两个女儿。

两个可爱的女孩的卧室最好能靠近父母的房间，以便能得到更好的照顾。

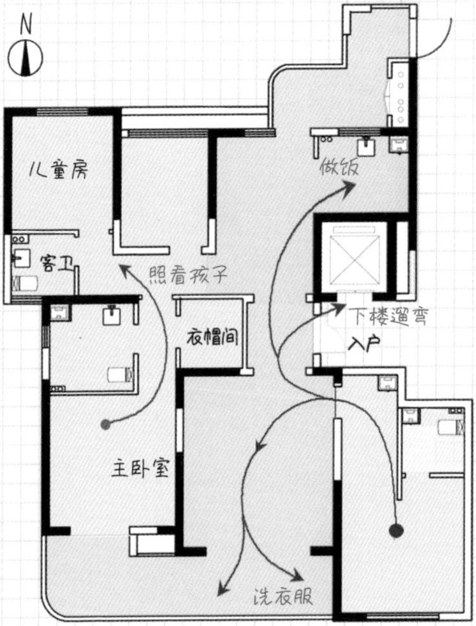

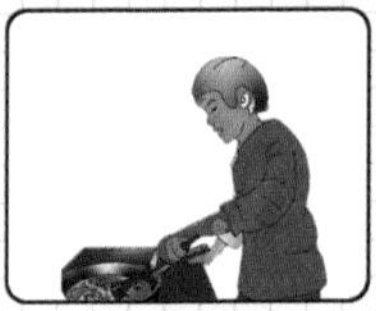

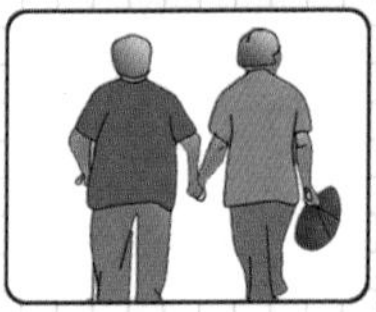

N
儿童房
做饭
客卫
照看孩子
衣帽间
下楼遛弯
入户
主卧室
洗衣服

1) 原主卧改为老人房，主卫改为客卫。

2) 设置独立的洗浴间。

3) 原客卫调整为儿童房专用的卫生间，并增设了淋浴间。

4) 厨房区与北阳台打通，并在厨房与餐区之间设置吧台。

5) 过道的折叠门闭合时，围合成爸爸妈妈与孩子的空间。

方案讨论 信息反馈

需要调整之处

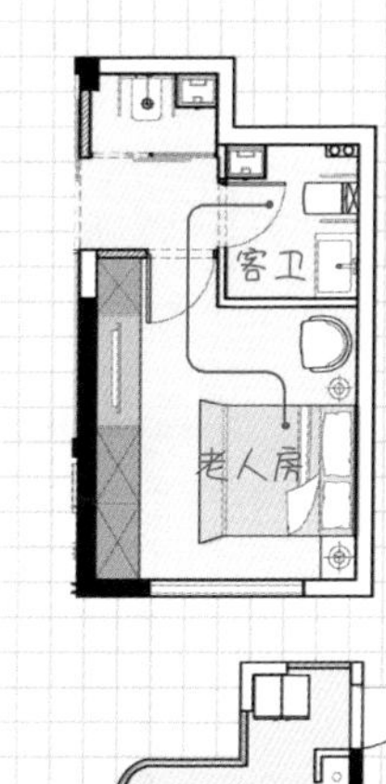

1. 老人房的卫生间，改为客卫，虽方便了访客的使用，但两个老人在使用时存在不便，尤其老人在夜间如厕时，需要穿越两道门，需要改进，以同时方便访客和老人。

2. 脑中风患者的病情，容易复发。爷爷现在可以依靠拐杖缓慢移动，但随着年龄的增加，可能需要使用轮椅，所以在细节设计上需要提前考虑。

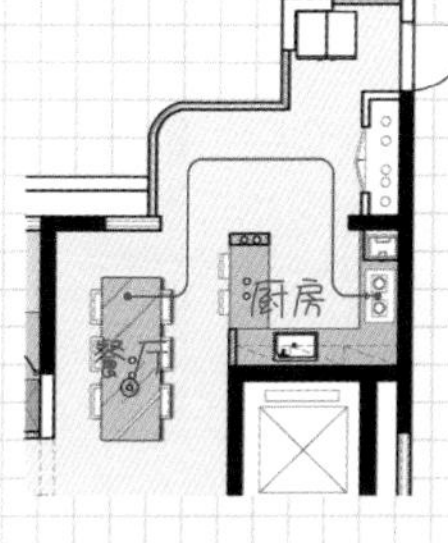

3. 厨房与北阳台打通，空间得到了扩展。但从烹饪区到就餐区之间的动线还不够通畅，原北阳台的空间也没有充分利用。

4. 作为三代同堂的大家庭，玄关柜需要扩大容量，以满足一家六口的需求。

5. 儿童房的衣柜容量偏小，需要增加储物收纳空间，同时考虑打造两个女儿与爸爸妈妈一起读书的亲子空间。

1. 入户端景墙向后推，腾出空间增设玄关柜。
2. 厨房增加中岛，空间更宽敞，动线更流畅。
3. 儿童房设置高低床，增加了书房和衣帽间。
4. 主卫的浴房独立出来，作为共享浴室。
5. 客卫两侧开门，同时方便访客和老人使用。

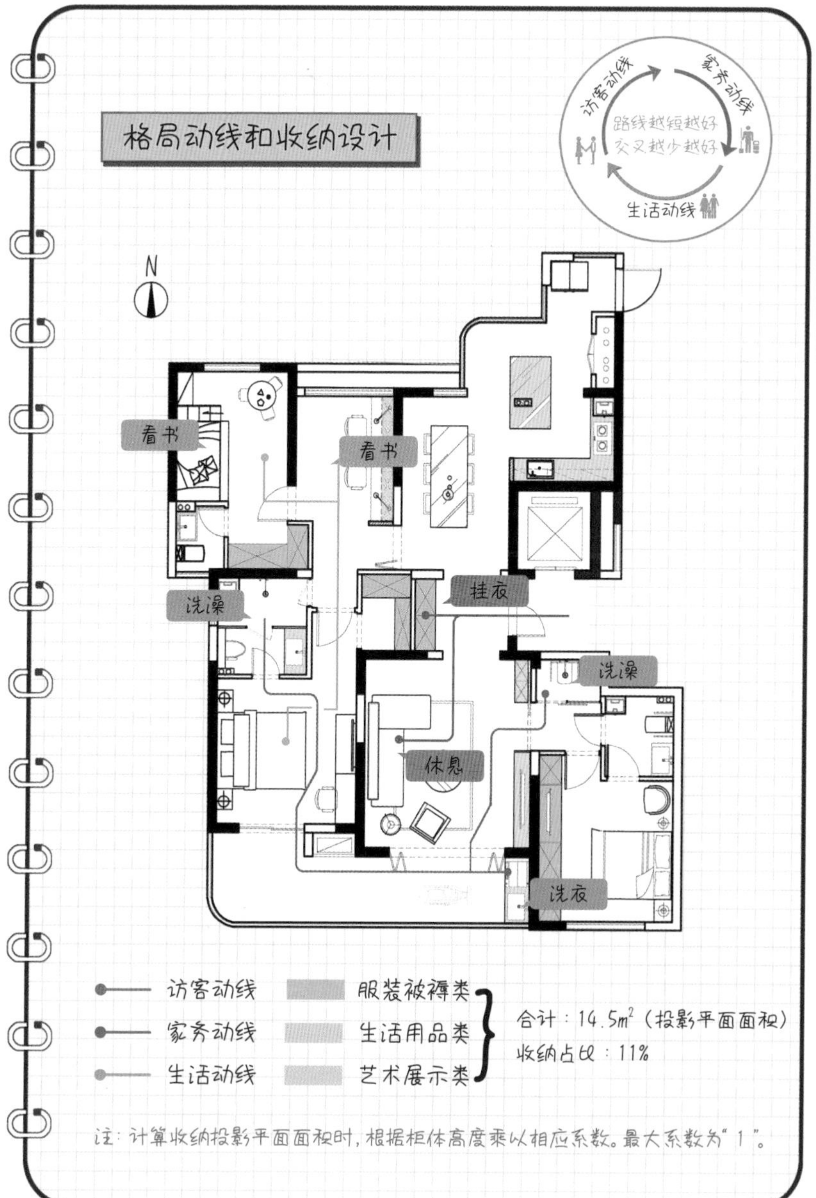
格局动线和收纳设计
访客动线
家务动线
生活动线
路线越短越好
交叉越少越好
N
看书
看书
挂衣
洗澡
洗澡
休息
洗衣
访客动线
家务动线
生活动线
服装被褥类
生活用品类
艺术展示类
合计：14.5m²（投影平面面积）
收纳占比：11%
注：计算收纳投影平面面积时，根据柜体高度乘以相应系数。最大系数为"1"。

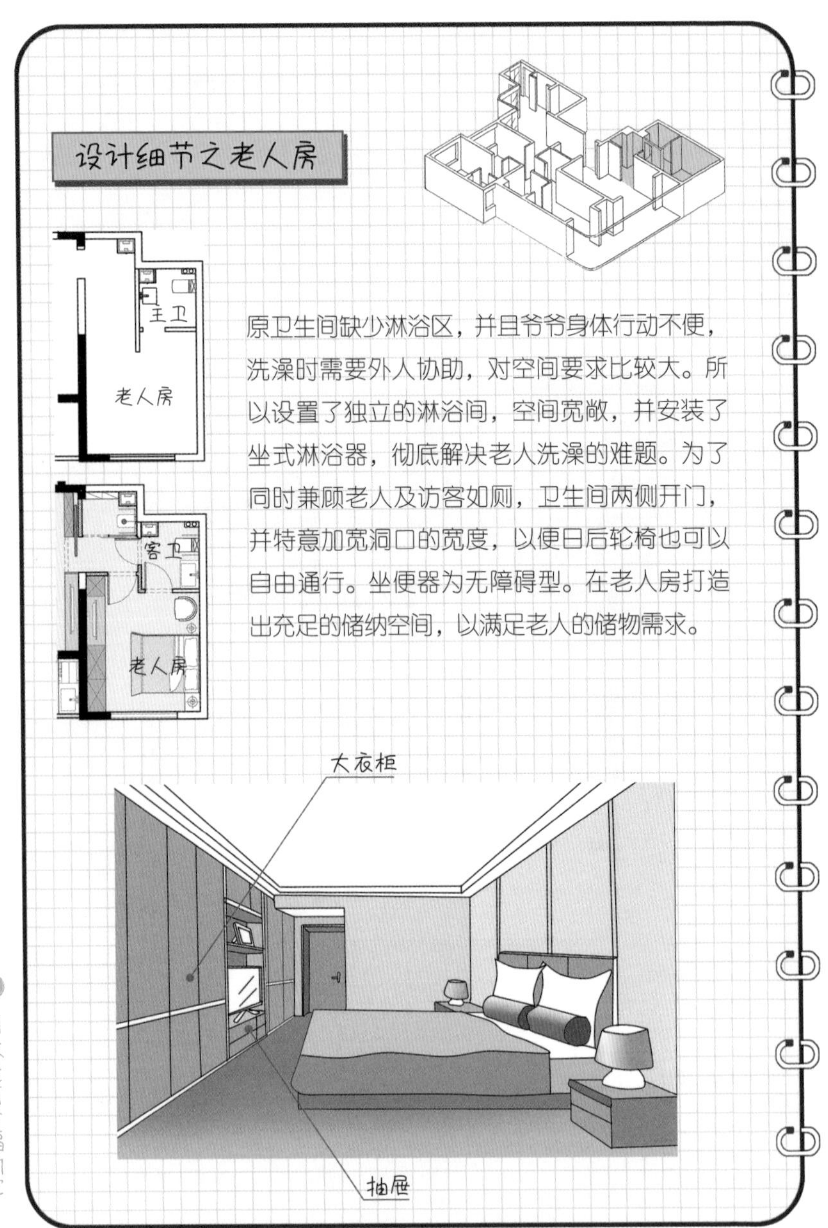

原卫生间缺少淋浴区，并且爷爷身体行动不便，洗澡时需要外人协助，对空间要求比较大。所以设置了独立的淋浴间，空间宽敞，并安装了坐式淋浴器，彻底解决老人洗澡的难题。为了同时兼顾老人及访客如厕，卫生间两侧开门，并特意加宽洞口的宽度，以便日后轮椅也可以自由通行。坐便器为无障碍型。在老人房打造出充足的储纳空间，以满足老人的储物需求。

设计细节之客厅

为了满足玄关储物的需求，把端景墙向后推了几十厘米，并打造了玄关储物柜。为了配合老人房的设计，调整了老人房门洞的位置，利用空位打造了一个多宝槅。

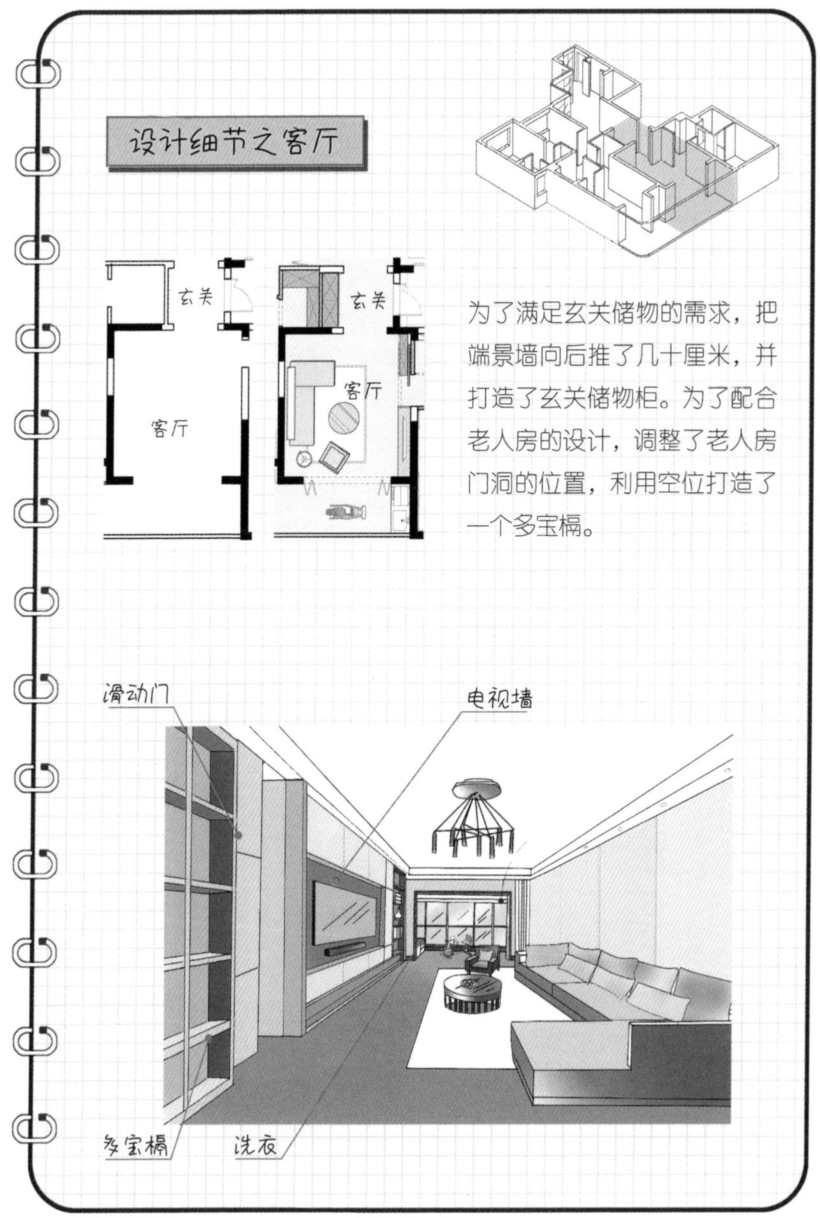

设计细节之女孩房

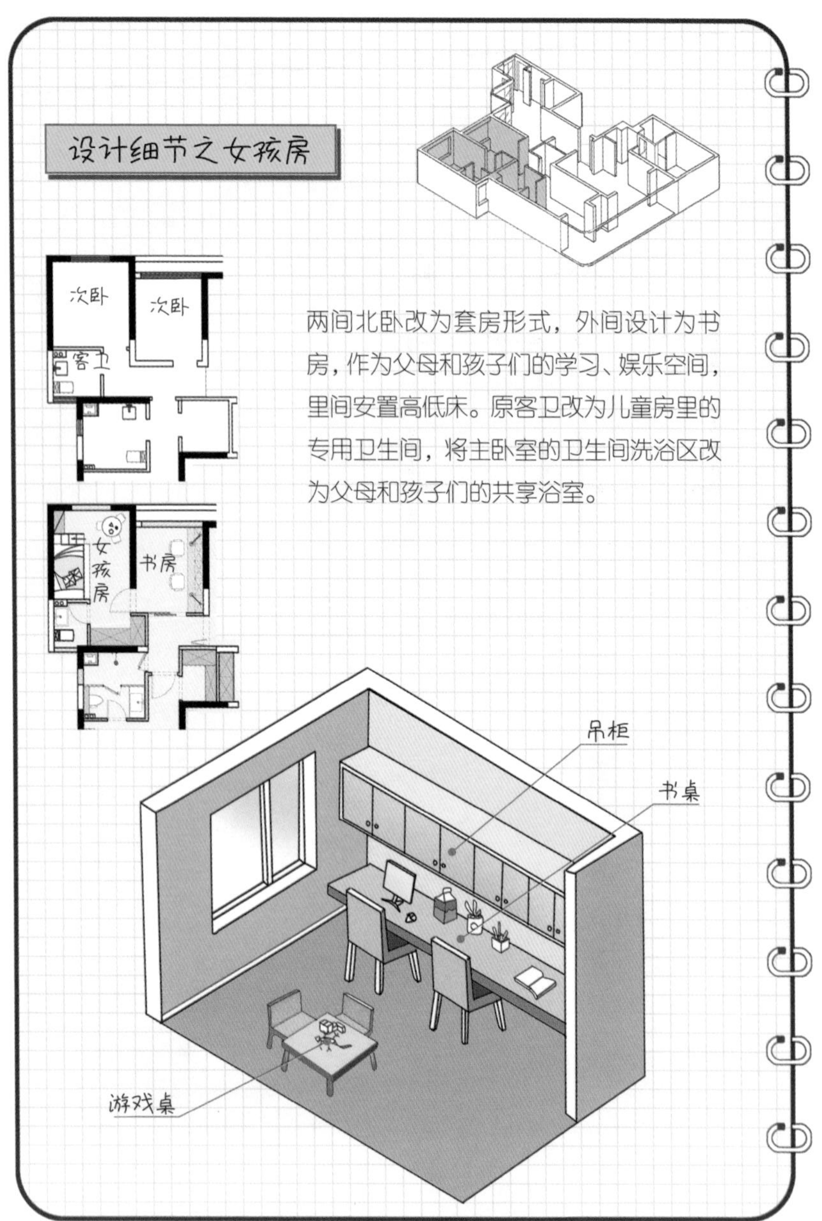

两间北卧改为套房形式，外间设计为书房，作为父母和孩子们的学习、娱乐空间，里间安置高低床。原客卫改为儿童房里的专用卫生间，将主卧室的卫生间洗浴区改为父母和孩子们的共享浴室。

设计细节之餐厨区

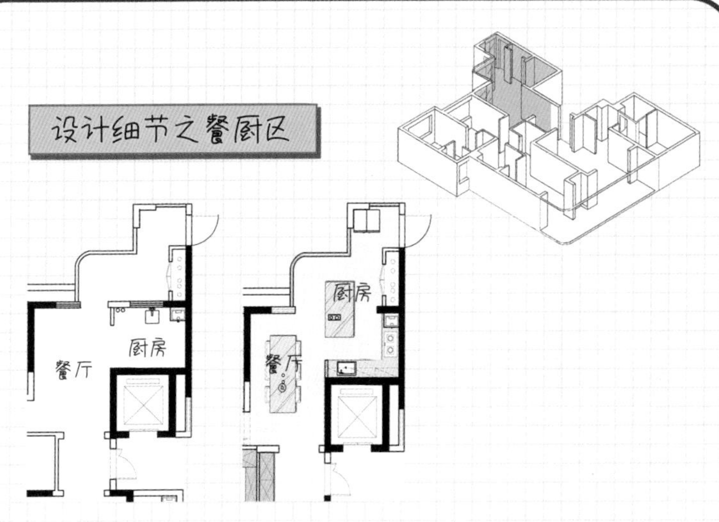

将厨房与北阳台之间的隔墙拆除后，整个餐厨空间的视线豁然开朗。由于原厨房的上下水管道完全暴露出来，不好掩饰，我们干脆围着它在四周设计一个中岛，将管道立柱镶嵌其中，顺势解决了这一难题，同时还增强了整个空间的现代气息。

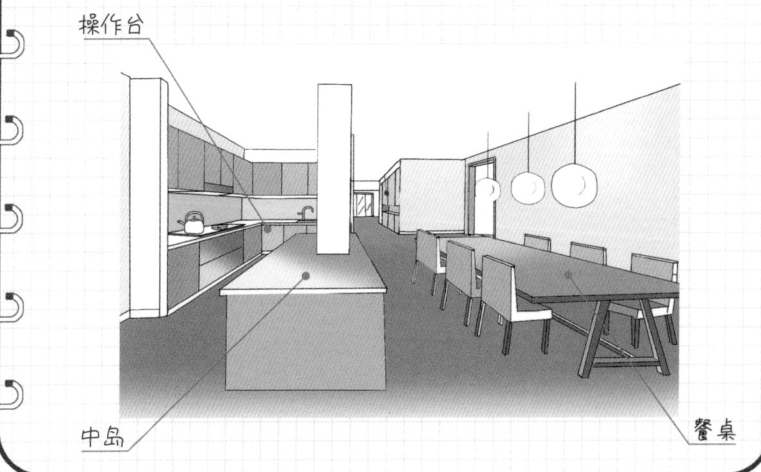

设计细节之主卧

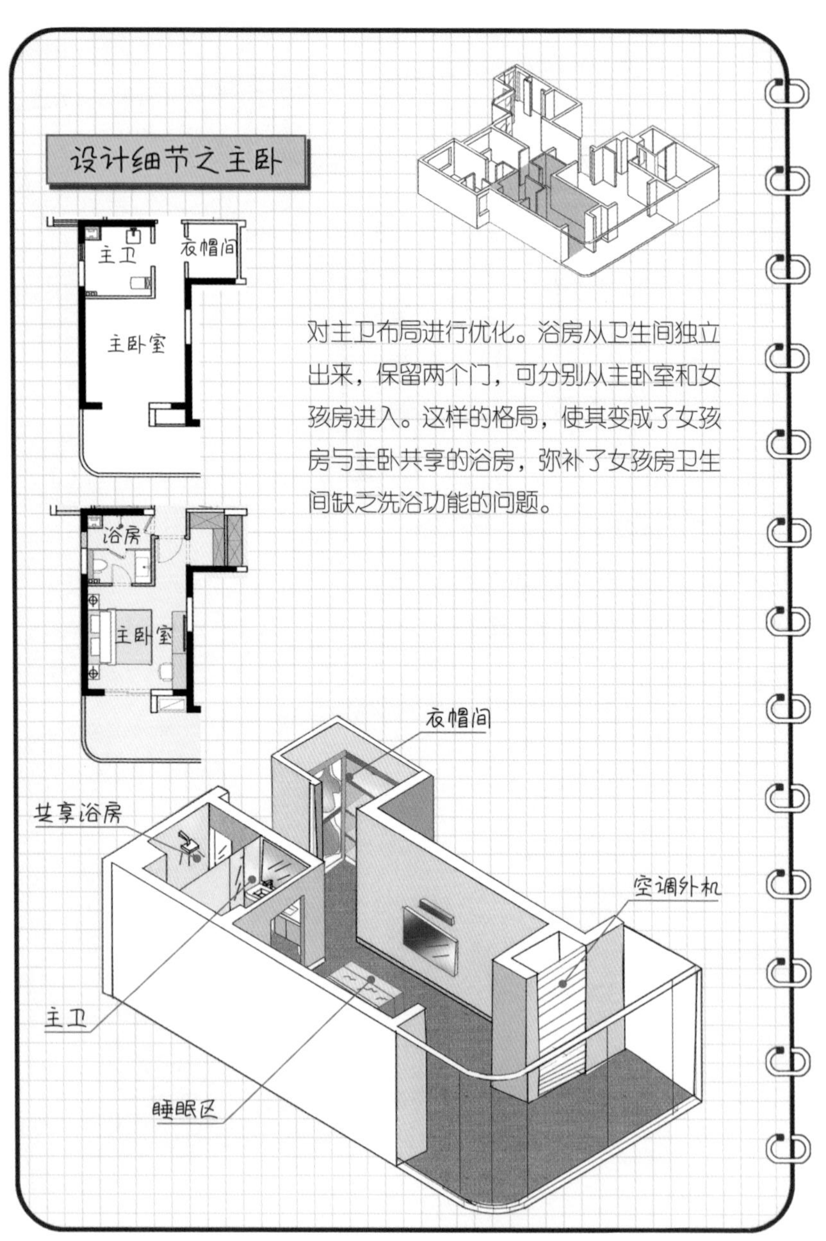

对主卫布局进行优化。浴房从卫生间独立出来，保留两个门，可分别从主卧室和女孩房进入。这样的格局，使其变成了女孩房与主卧共享的浴房，弥补了女孩房卫生间缺乏洗浴功能的问题。

格局鸟瞰 居住体验

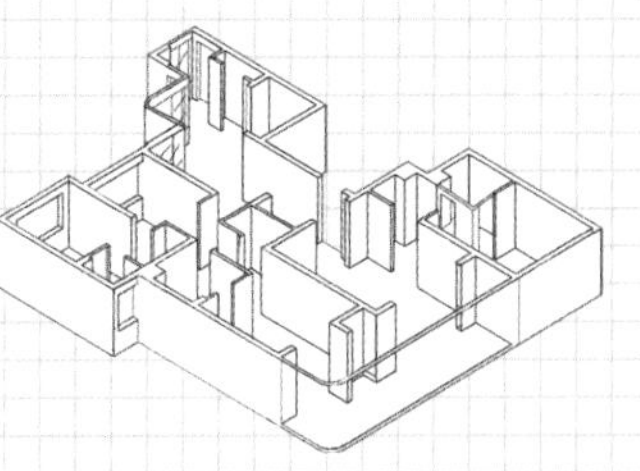

改造后的空间布局更加合理，空间利用充分，使每个卧室都有充足的收纳空间。经过调整后的卫生间融入适老因素，设置独立淋浴间、坐式淋浴、双开门卫生间、无障碍坐便器等，解决了爷爷洗澡、如厕的大难题。餐厨空间的改造，使烹饪更便捷，奶奶在做家务的同时，也能更好地关照爷爷。委托人对改造后的新家非常满意，最明显的改善就是爷爷的日常起居，变得轻松了起来，这也减轻了奶奶的负担。过道的折叠门将家庭自然地分隔为两个空间，互不干扰，其乐融融。

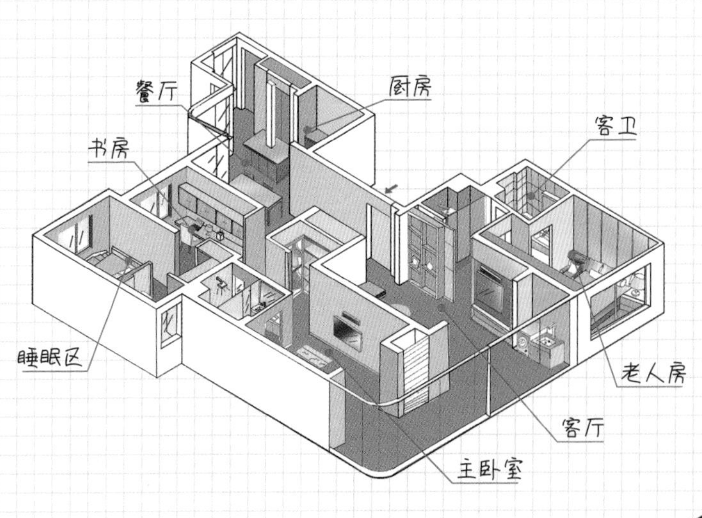

知识加油站

■ 适老化设计

适老化设计是指充分考虑到老年人的身体机能及行动特点做出相应的设计，包括实现无障碍设计，引入急救系统等。

■ 老年人住宅设计要点

1. 地面一定要平整，尽量不要有高差。地面一定要选用安全舒适的材料，即使被水淋湿也不能滑。
2. 门洞口尽量宽阔一些，保证门的内径不小于 800mm。
3. 门锁采用执手锁，以方便开启。
4. 家里的照明可适当提高照度。
5. 调整房间里的插座和开关，将开关高度调整为距地面 1000mm，墙面插座距地面 600mm。
6. 在设计空间动线时，可考虑洄游设计，一是减少死角，二是有利于老人的锻炼。
7. 卫生间门的打开方式考虑外开型，如果老人在卫生间倒地，可避免二次伤害。
8. 卫生间坐便器附近要安置紧急呼叫装置。
9. 洗手盆应保证老人在轮椅上也能使用，水槽下方要有一定空间，以便轮椅靠近。
10. 坐便器前面及侧边要保证有 500mm 的空间，以方便护理。
11. 卫生间淋浴区应设置坐式淋浴。

一些感悟

少小离家，一直在外地学习、生活、工作，只有在长假时才有机会回到故乡小住几天。不经意间，自己所熟悉的长辈们都已白发苍苍，行动不便的老年人数似乎已超过年轻人。这其中固然是因为大多数的年轻人在外地工作、学习，但也反映出我们的老龄化社会已经到来。

随着年龄的增长，老年人的身体机能不断下降，高血压、冠心病、中风后遗症、精神抑郁等症状比比皆是。一方面劳动能力丧失，经济来源骤减；另一方面医疗费用不断攀升，他们的生活质量也大打折扣。老吾老以及人之老，作为一名室内设计从业者，怎样利用自己所学的专业，为这个已经到来的老龄化社会做些力所能及的事情，是我们应该思考的问题。

我们社会的中坚力量“80 后”“90 后”大多是独生子女，需要独自承担养老的难题，同时还要抚育下一代，让孩子茁壮成长。面对这些现实的问题，更需要给他们打造一个适宜的家，解除他们的后顾之忧，以便更好地投入工作。

Chapter3

幸福户型的秘诀

不同空间
设计要点

家居装修设计中常见的误区

■ 设计误区 1：客厅一定就是会客接待、财力展示的场所吗？

很多人在装修时，对客厅还存在这样的观点：“客厅就是接待客人的厅堂，是家的颜面，所以一定要装修得气派、上档次。”在这种思想下，客厅装修便出现了很多奇奇怪怪的案例，如让人眼花缭乱的电视墙、凹凹凸凸的沙发背景墙、气派烦琐的大吊灯、重叠繁复的灯池，等等。但随着社会生活节奏的加快，家开始变得更加私密，在家中接待访客的概率其实很少。客厅更多承担的是起居室的作用，是一家人活动的中心，因此客厅设计应该围绕一家人的生活习惯展开，若需要看电视则设置电视机，若不需要看电视，则可用投影仪、书柜等其他符合家人使用习惯的设置来代替电视墙，不要“为了做电视背景墙而做电视背景墙”。

■ 设计误区 2：餐厅只能是吃饭的地方吗?

现代家庭生活的特点之一就是空间划分更加弹性化。很多家庭会选择一个大大的长餐桌，不但在此进餐，闲暇时还喜欢围坐在一起看书、上网、聊天、做手工，成为家人最爱待的区域。受面积的限制，有的家庭餐椅会采用卡座的形式，不但节省空间，气氛还会更轻松，也是小孩子们吃饭时抢着坐的地方。

■ 设计误区 3：厨房一定是脏乱差的代名词吗?

之前一提到厨房，就会联想到油腻脏乱，所以在装修时，一定要装上门，与外界隔开。但现在这些现象已得到改善，更加智能化的抽油烟机、自动感应升降灶台、带有沥水篮的转角水槽、配备净水装置的龙头、消灭大量食物垃圾的垃圾处理器、夏天降温的凉霸、一键完成的洗碗机、烤箱、蒸箱等现代厨电，让厨房早已今非昔比，这么漂亮的空间，一定要封闭起来吗?

■ 设计误区 4：卧室一定要做满柜子，让空间看起来拥挤不堪吗？

现代家庭的卧室空间大多很紧凑。通常宽度在 3m 左右，长度在 4m 左右，总体面积约 12 ㎡。卧室不但是睡眠场所，还是衣物主要的收纳空间，储物空间不足，会给生活带来诸多不便，因此大家习惯在卧室里放满衣柜，这样就导致卧室空间更加狭小，想在房间里安排一个梳妆台都难以找到位置，严重降低了生活舒适度。其实卧室储物不一定要做很多立式衣柜，也可利用床下的空间做储物柜，用来放棉被等大件物品。

■ 设计误区 5：书房设计就是把办公室搬回家吗？

多数人都喜欢在家中专门安排一间书房，在书房里设置一整面的书架，书架前面整整齐齐摆放上书桌，让人一眼望去，就是一个小型的办公室。其实家用书房在设计上可以更加灵活些。比如设置沙发壁床，把书房和客房合二为一。平时是书房，有访客留宿时，打开沙发壁床，空间就具备了客房的条件。在设置书桌时，可以在靠窗的位置沿墙设置，既光线充足，又能最大限度地节省空间。当家中房间不足时，也可以利用其他空间的边角，设置一个小型的阅读区。

■ 设计误区 6：卫生间设计的问题只有干湿不分吗?

卫生间是家庭中使用最为频繁的场所，但也是在装修设计中，最容易被忽略的地方。卫生间设计通常存在以下问题：

1. 单卫设置，空间狭小。老房子的卫生间往往空间很局促，甚至都没有洗澡的地方。
2. 双卫设置，功能重复、空间浪费。有些小户型安排的双卫布局占据了过多空间。有些面积很小的主卧，硬是安排了一个主卫，摆完床后，连衣柜都没地方放。
3. 卫生间位置不当。有些房子的卫生间在房子深处，客人使用时，需要穿越整个房子才能到达。
4. 卫生间洁具位置不合理。坐便器与花洒距离过近或过远，导致面积浪费或洗澡时溅湿坐便器。
5. 通风、采光不佳。卫生间没有对外的窗户，也就是所谓的暗卫，通风和采光都需要依赖人工灯光，黑暗潮湿，让人苦不堪言。
6. 棱角过多，影响空间利用和美观。卫生间里不可避免存在上下水管道及排气管道，空间棱角过多，使用也不方便。
7. 开门不当。卫生间门正对入户门，或者正对厨房门、卧室门，不但家庭私密性得不到保障，卫生间的湿气和细菌也会影响家人健康。

客厅布局指南

■ 客厅，顾名思义，是指家庭中专门接待客人的地方。但随着社会发展，家庭结构越来越小型化，人们的私密性观念增强，现在家庭的客厅更多承担的是起居室的作用。客厅是家人们最常使用的地方，也是通往各个房间的中转站。不同的阶段，客厅有不一样的侧重点。当家中有小宝宝时，客厅就化身为儿童游乐区；当宝宝上学后，客厅又变为父母辅导孩子的学习区；当主人喜欢上运动时，客厅可能又变身为家庭健身区。现在生活的多样性，导致客厅的空间定位也越来越模糊，应根据一家人的使用习惯来定位。

■ 客厅布局指南 1：大众对客厅的需求

基础需求：采光好、通风好、空间方正宽敞、方便摆放家具。

扩展需求：视觉效果好、温馨的气氛、满足个人习惯和爱好。

■ 客厅布局指南 2：客厅设计要求

1. 空间宽敞化

无论客厅客观的空间是大是小，对宽敞感的需求都是一致的。宽敞的感觉可以带来轻松的心情。在具体设计上应避免将空间分割得过于零碎，在面积紧凑的状况下，不要强求面面俱到，应使用弹性划分的手法，让空间在视觉上更加宽敞。

2. 照明最佳化

客厅应是整个居室光线最佳的空间，如果自然光线确实受条件的限制，那也要通过人工照明进行补充，确保整个环境明亮温馨。

3. 动线流畅科学

客厅空间一般是家庭的中心，连接玄关区域、餐厅区域、厨房区域、卧室休息区域、卫生间区域，所以在动线组织上一定要科学、合理、流畅。同时还要充分考虑访客动线，最大限度地减少其与起居动线和家务动线的相互干扰，以免客人拜访时影响家人休息和工作。

■ 客厅布局指南 3：客厅的定位多样性

随着社会的发展，客厅的定位也越来越模糊，尤其在一些年轻家庭或中小户型实际案例设计中，为了使空间更加宽敞，有时会将书房与客厅合二为一进行设计，呈现出很好的效果。一些小户型家庭甚至直接放弃了沙发、茶几的常规组合，而以长长的工作台加卡座或高凳代替沙发和茶几的角色。它同时具备了会客、进餐、学习等诸多功能，人们围坐在一起可以会客、聊天、看电视、进餐、读书。这样的设计高效、便捷，也很受年轻家庭的喜爱。

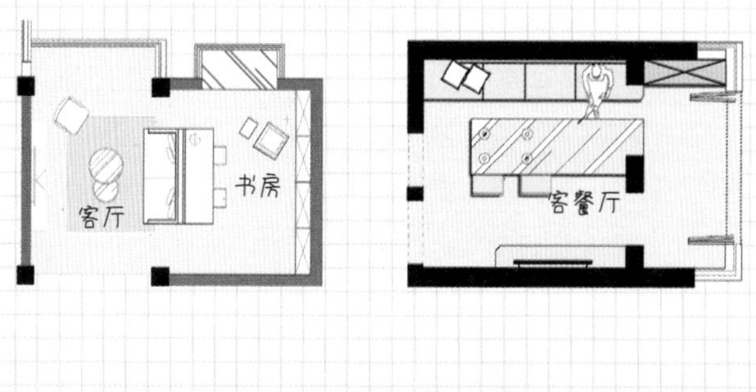

■ 客厅指南 4：常规客厅铁三角的摆放

在客厅的格局设计中，有一个常规的组合，就是沙发、茶几、电视机。

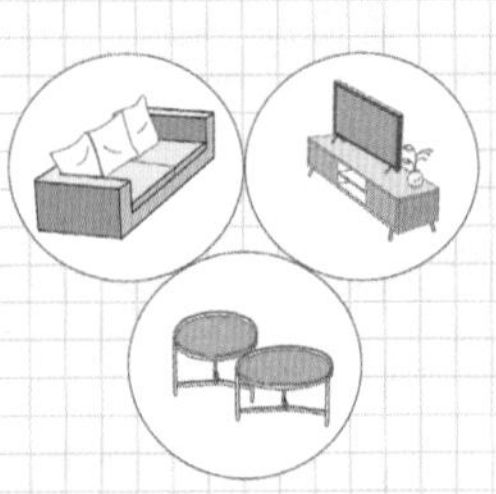

1. 沙发、茶几的摆放位置

①尽量避免入户门直冲沙发区，使空间缺乏过渡。

②坐在沙发上向外看时，要保证视野的开阔性，避免只能看到呆板的墙。应充分结合房屋所处环境，将室外的美景引入室内，让坐在沙发上的主人，抬头就能看到室外的海景、湖景、山景、绿树、蓝天。

③在空间充裕的前提下，沙发应尽量避免紧贴背后的墙体摆放。适当和墙体拉开少许距离，可以摆放一张长几，然后在上面放置一些书籍、摆件和盆栽之类的物品，既能提升客厅的美观度，又十分实用。如果空间足够，沙发后边可留出过道，让人们能围绕沙发做洄游运动，使整个空间形态更加灵活。

2. 沙发和茶几的摆放形式

沙发的摆放形式应该结合空间特点，灵活应用，避免呆板的布局。

1) 一字形摆放。一字形摆放形式简洁大方，节约空间，适合小户型及年轻人家庭。

2) L 形摆放。沙发之间呈 2+1 或 3+1 形式。单人沙发与主沙发组成 L 形。或是直接摆放 L 形沙发。这种形式氛围比较轻松、不受约束。

3) II 形摆放。沙发平行摆放，便于交流。

4) U 形摆放。沙发采用 3+1+1 或 3+2+1 形式，以茶几为中心摆放。这种摆放形式对空间要求比较大。

5) 异形摆放。异形沙发形式灵活，可以打破空间的呆板，让空间充满个性。

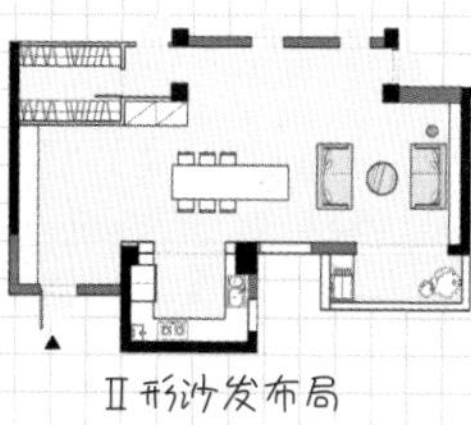

II 形沙发布局

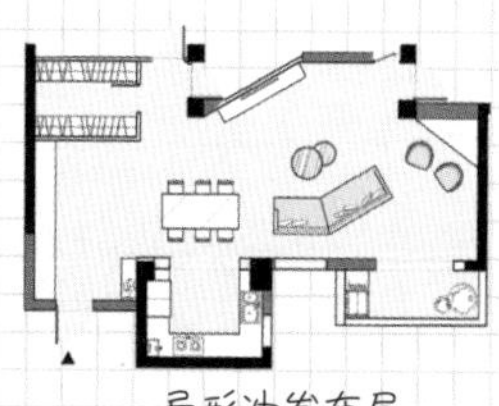

异形沙发布局

3. 电视机的摆放

现在家庭的娱乐休闲方式已多样化，手机、平板电脑、激光投影等新的娱乐项目层出不穷。电视机根据需要可以放置在客厅的一角，最主要的墙面用来摆放书柜，放置喜欢的藏书；或摆放多宝槅，放置心爱的摆件；或保留墙面，挂上心爱的艺术挂画。

餐厅、厨房布局指南

民以食为天，餐厨空间对人们的生活非常重要。餐厅所包含的物品主要有餐桌、餐椅（卡座）、酒柜（备餐柜）、饮水机。厨房里的主要设备为抽油烟机、灶台、水槽、砧板、冰箱、烤箱、蒸箱、微波炉等。

■ 餐厨布局指南 1：餐厨空间的布局方式

1. 相互独立式

在中国人的传统观念中，一提到厨房，往往让人想起油腻、脏乱、烟熏火燎，所以餐厨相互独立的布局方式是最安全便捷的。但这种布局也存在很大的缺陷，一是造成空间的浪费和视线的闭塞；二是在厨房劳作时家人之间无法互动，容易产生隔离感；三是现代生活日新月异，新一代的厨房设备越来越好，把这么漂亮的设备都隐藏起来，难免让人感到可惜。

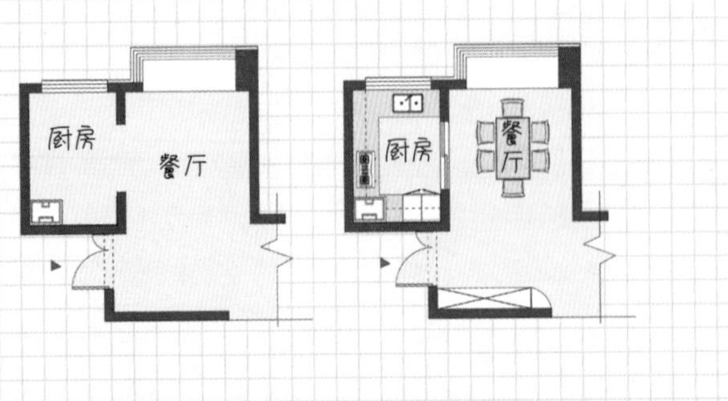

2. 完全开放式

餐厨开放布局不仅使得空间宽敞、通透，还充满了现代感。开放式厨房和中岛是一种绝佳的搭配，既可以弥补开放式厨房收纳空间不足的缺点，又提升了厨房的颜值和格调。但因为中式烹饪油烟较重，开放式厨房必须时刻保持清洁。

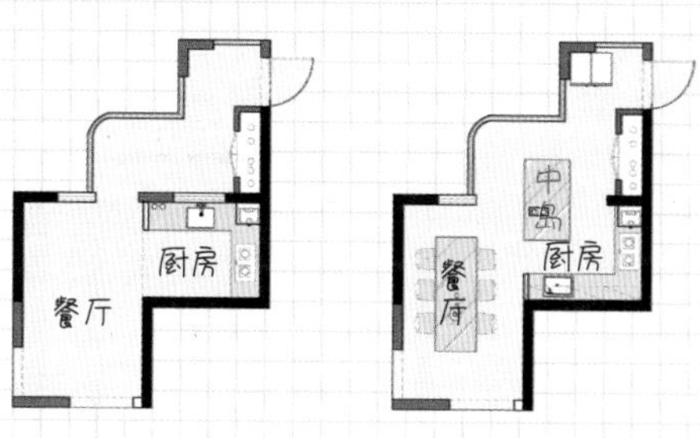

3. 中厨 + 西橱 + 餐厅

这是一种结合前面两种方式的一种折中方案。厨房分为中厨区和西厨区。中厨采用推拉门进行封闭，抽油烟机、煤气灶都安排在里面。西厨一般与餐厅直接贯通，或增设吧台，将烤箱、蒸箱等嵌入式厨电安排在此处。这种布局既考虑到中餐的烹饪特点，又体现了现代气息，成为很多家庭的选择。

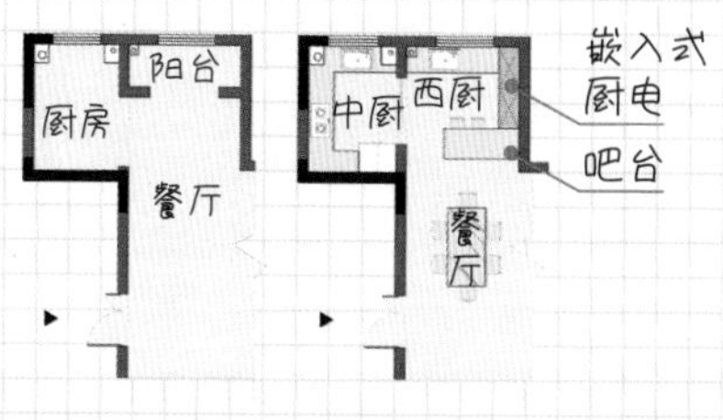

■ 餐厨指南 2：厨房操作台的摆放形式

冰箱、水槽、砧板、灶台的排列位置，直接关系到厨房烹饪动线的合理性。比较科学的排列是取食材（冰箱）→清洗（水槽）→制作（砧板）→烹炒（炉灶），动线应该顺畅不迂回，这样才能高效便捷。厨房操作台的布置形式主要有一字形、Ⅱ形、L形、U形等几种形式，具体安排需要因地制宜。

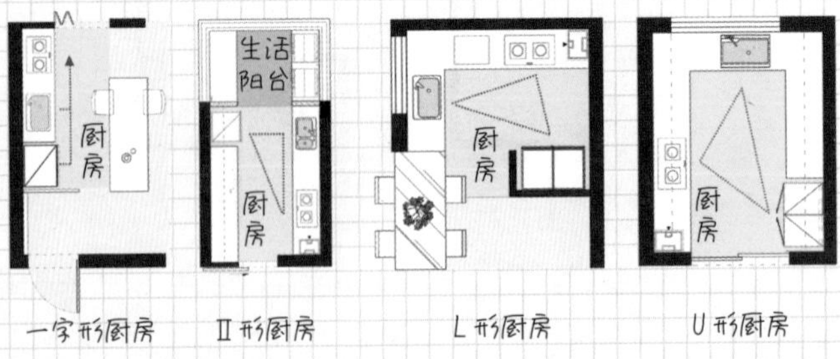

一字形厨房　Ⅱ形厨房　L形厨房　U形厨房

■ 餐厨布局指南 3：餐桌的选择

餐桌形式的选择有时关系到餐厅格局设计的成败。

1. 圆形餐桌

圆形餐桌没有棱角。“平等”和“自由”是圆桌文化的精髓，围坐在一起的氛围让人们更加亲昵。这种餐桌比较适合我们中国人的餐饮习惯，菜可以放中间，这样每个人都可以夹到。但其桌面普遍偏大，也不能贴墙摆放，较占空间。

2. 长方形餐桌

长方形餐桌布局比较灵活，可以更为充分地利用空间，不容易造成空间的浪费，但桌子的棱角对儿童来说存在安全隐患。一张加长的长方形餐桌，可以把餐厅变成家庭的活动中心，闲暇时家人围坐四周，看书、聊天、做手工、做烘焙，其乐融融。

3. 折叠餐桌

折叠餐桌形式比较灵活，较适合小户型空间。人少时收起来，节约空间，当进餐人数较多时，全部打开，可同时容纳多人进餐。

在选择餐桌时，不但要依据家庭人口的多少来做决定，还要根据房间特点来考虑。比如前文中的一个案例，当入户门直冲餐区，空间缺乏过渡时，设计师利用一个圆的概念，不但解决了空间过渡的难题，还让整个空间变得灵动，这其中就有圆餐桌的功劳。在另一个小户型的格局规划中，将客厅与餐厅融为一体来设计，设置了一张客餐厅共用的方形长桌，起到了节省空间的作用。

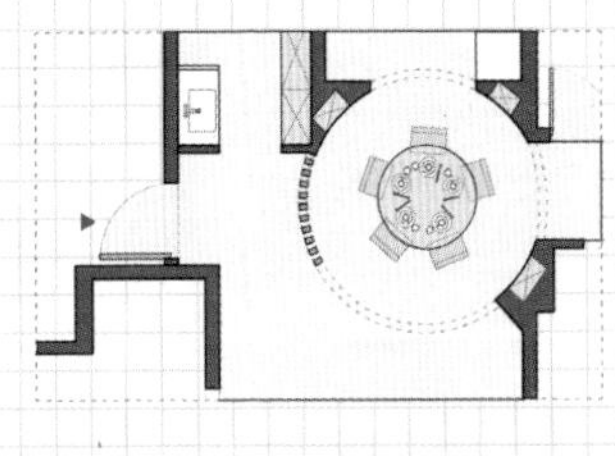

卫生间布局指南

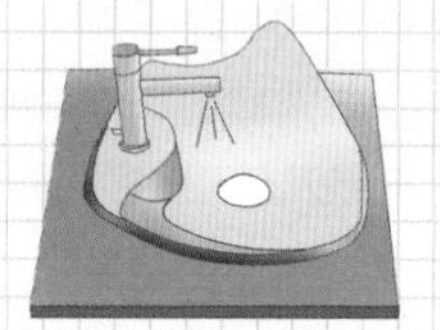

卫生间设计合理与否，直接关乎居家生活的品质。需要将其列为装修设计的重点，让其变得科学合理。

■ 卫生间布局指南 1：盥洗区外迁，干湿分离改造

针对卫生空间狭小、洁具拥挤的问题，可以把盥洗区迁出，同时实现干湿分离。家人之间洗脸、刷牙和如厕互不干扰，使用效率更高。

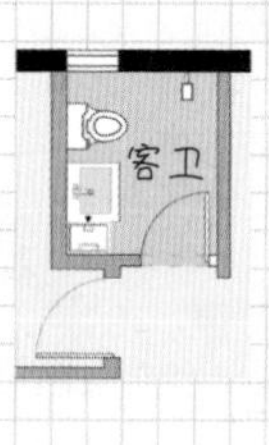

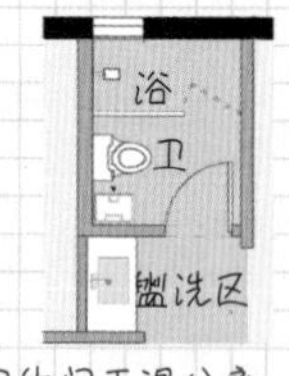

卫生间干湿分离

■ 卫生间布局指南 2：双卫归一

小户型可以只保留一个卫生间，进行分离改造，让盥洗区、坐便间、洗浴间彼此独立，利用率更高。腾出来的另一个卫生间设计为独立式衣帽间，以满足家中的收纳需求。

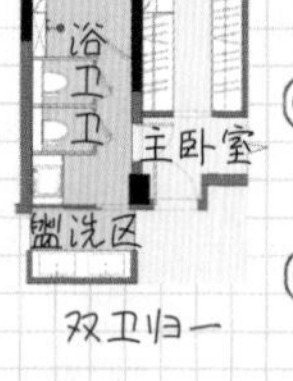

双卫归一

■ 卫生间布局指南 3：面积适当压缩

主卧中的卫生间一般不需要面积过大。在保障基本使用功能的前提下可适当压缩，合理安排床体、梳妆台、衣柜。

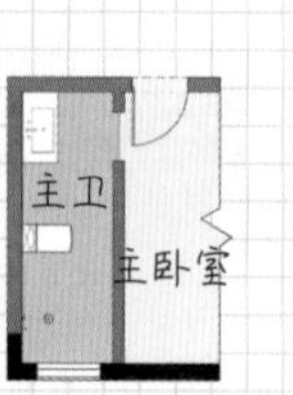

卫生间压缩

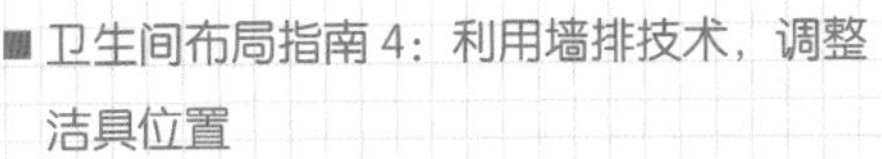

■ 卫生间布局指南 4：利用墙排技术，调整洁具位置

卫生间洁具位置不合理，可以使用壁挂式坐便器、悬挂式洗手盆进行局部移位。

壁挂式坐便器

■ 卫生间布局指南 5：变更主卫与客卫

尽量把靠外的卫生间设计为客卫，把家庭深处的卫生间设计为主卫，以方便来客使用，避免动静区相互干扰。

■ 卫生间布局指南 6：利用玻璃材质隔墙增强自然采光

暗卫可以利用玻璃砖作隔墙，增加采光度。主卧卫生间，可以采用钢化玻璃作隔墙，使用通电玻璃更佳，利用开关使玻璃在雾化与透明之间切换。

■ 卫生间布局指南 7：设计存放洗化用品的壁龛

合理利用柱垛棱角，局部封堵，改造为壁龛，视觉上美观大方，又能存放洗化用品或浴巾、浴袍，充分利用空间。

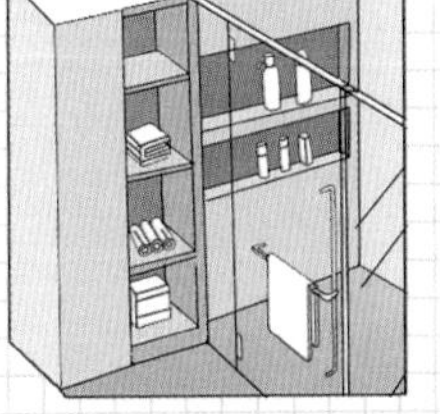

卫生间壁龛

■ 卫生间布局指南 8：设计阻挡视线的隔断

卫生间门若与入户门、卧室门相对，且位置无法改变，可用屏风等隔断阻挡视线，保证家庭的私密性。

让普通家庭也能拥有衣帽间

家中拥有一个专属的衣帽间，是每位家庭主妇的梦想。但受制于房屋空间的大小，梦想往往不能成真。所以我们就在此探讨一下，如何在普通的居室中规划出人人都爱的衣帽间。

■ 衣帽间设计指南 1：衣帽间的分类

1. 独立式

衣帽间为一个独立空间，存储量最大，但对空间要求也最高。

2. 开放式

与其他空间贯通，如在卧室睡眠区与主卫过道之间设计的衣帽间。

3. 嵌入式

在墙体凹陷处设置，利用隔板或金属框架来放置衣物。

■ 衣帽间设计指南 2：衣帽间所处的位置

除了卧室，在家庭的其他区域安置衣帽间，也有意想不到的效果。

1. 衣帽间在卧室

紧邻睡眠区，这样的布置方式，最受大家欢迎，也最常见。

2. 衣帽间设置在洗衣房附近

在洗衣房将衣物洗涤、晾晒后，可就近收纳，提高做家务的效率。

3. 衣帽间设置在浴房附近

在卫生间洗完澡后，可以直接进入衣帽间更衣，生活更便利。

4. 衣帽间设置在玄关区

出入时，可直接入进衣帽间进行衣物选择或存放。

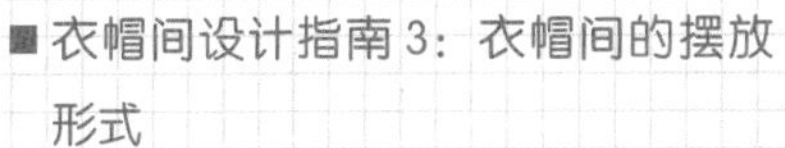

■ 衣帽间设计指南 3：衣帽间的摆放形式

1. 一字形

衣柜一字排开，适用于狭长的空间。

2.L 形

储存量大于一字形，使用方便。

3. Ⅱ形

适用于空间进深较长，宽度大于 1.5m 的空间，储存量是一字形的一倍，比较受使用者欢迎。

4.U 形

此种形式的储纳量是最多的，但对空间要求也最高。明星豪宅的衣帽间大多是此种设计，若再配合上岛台收纳柜，就更完美了。

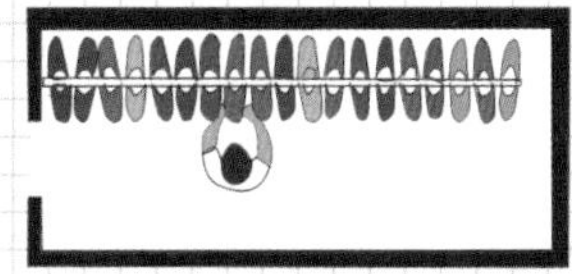

一字形衣帽间

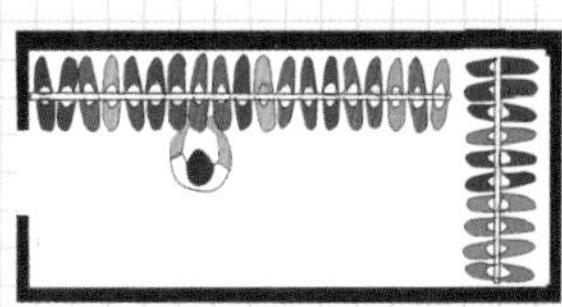

L 形衣帽间

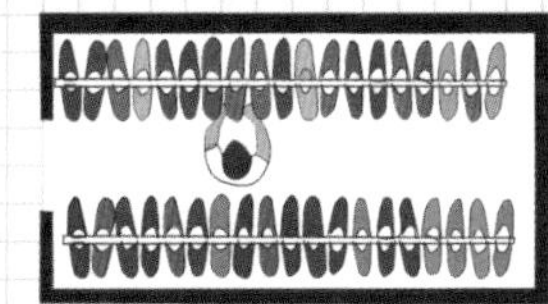

Ⅱ形衣帽间

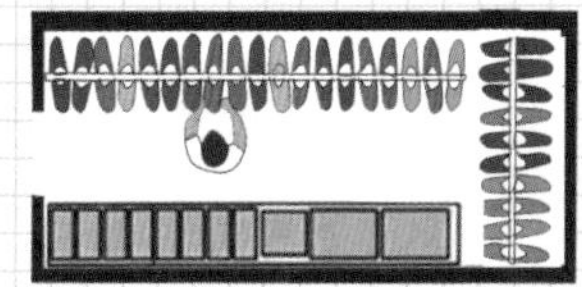

U 形衣帽间

■ 衣帽间设计指南 4：具体衣帽间改造案例

如何灵活布局，在有限的空间中设计出衣帽间呢？下面就通过具体的案例来介绍。

1. 主卧卫生间改为独立衣帽间

如果家中人口较少，一个卫生间已足够使用，那就可以把主卧的卫生间改造为独立的衣帽间。

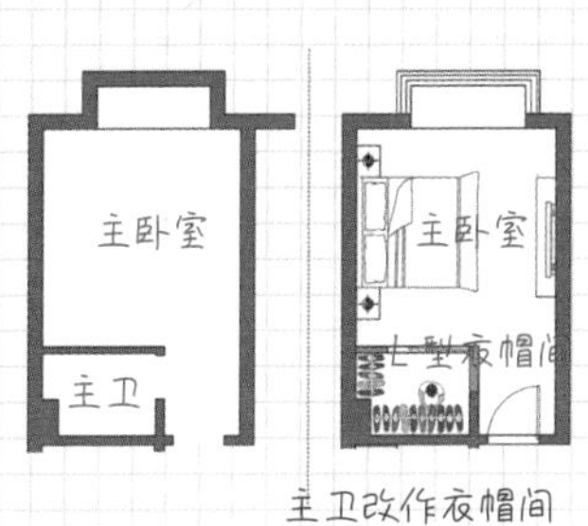

主卫改作衣帽间

2. 压缩主卫增加衣帽间

在卫生间与睡眠区之间设计开放式衣帽间，主卫还是保留盥洗、坐便、洗浴三大功能，只是空间利用更紧凑。但由于衣帽间的设置，家中的收纳能力大大提高。

压缩主卫增加衣帽间

3. 变更衣帽间的出入动线

主卧衣帽间由 L 形改造为 II 形。原来的设计是 L 形，但是交通动线与收纳产生冲突，致使实际功能大打折扣。于是改变出入动线，柜体设置为 II 形，空间容量翻倍，动线也变得顺畅起来，连带着暗卫也变得通透了。

变更衣帽间的出入动线

4. 在床头后方设计衣帽间

主卧的宽度足够，那就拉开床体与背景墙之间的距离，打造具备洄游功能的衣帽间。两侧都可自由出入，使用方便。

利用床头后的空间打造衣帽间

5. 过道改造为共享衣帽间

通向主卧与隔壁书房的是一段狭长的过道。改变交通动线，将狭长过道改为衣帽间，连接主卧与书房，形成共享空间。

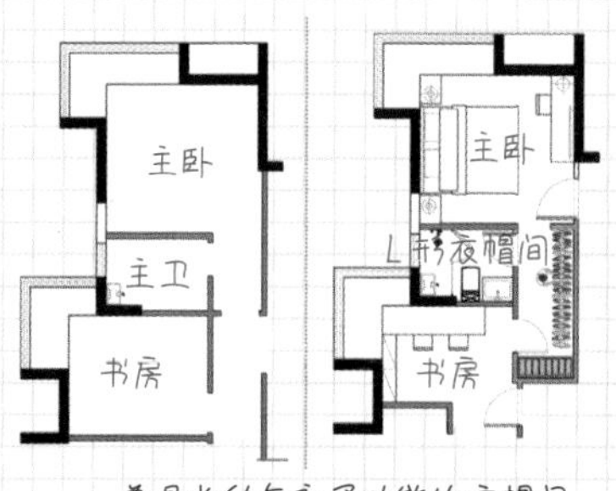

兼具收纳与交通功能的衣帽间

6. 借用隔壁空间打造衣帽间

合并隔壁房间的部分区域，改造为主卧衣帽间。主卧的空间有限，而隔壁卧室空间狭长，于是压缩隔壁卧室的空间，设计出衣帽间。在浴房冲完凉后，可直接在衣帽间更衣，非常方便。

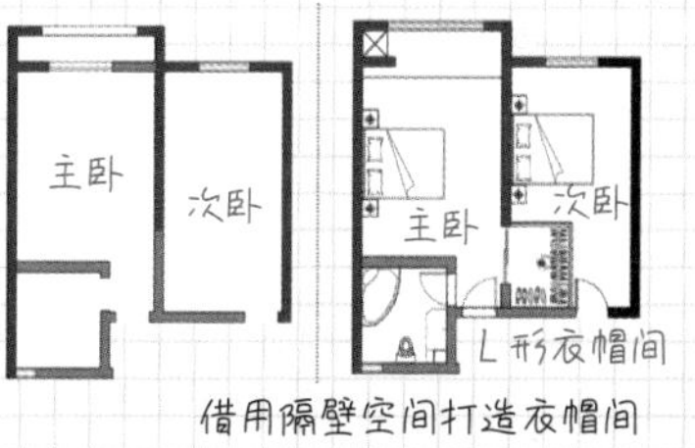

借用隔壁空间打造衣帽间

7. 在入户打造玄关衣帽间

开发商赠送的入户花园，若采光欠佳，又没有其他需求，可以改造为玄关衣帽间。方便屋主在此收纳家庭杂物及衣物、鞋帽，类似一个物品中转站。

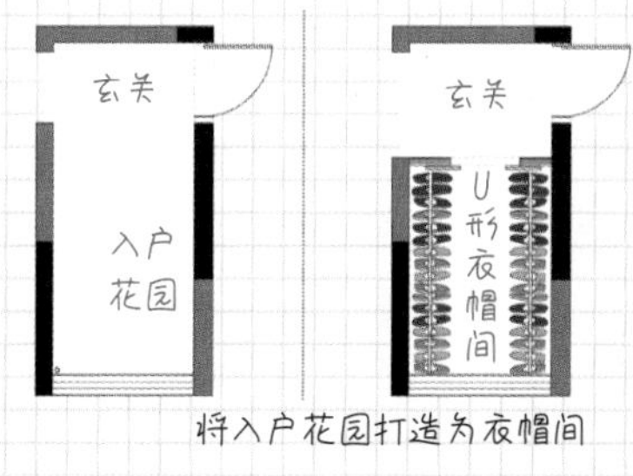

将入户花园打造为衣帽间

图书在版编目（CIP）数据

户型改造解剖书 / 杨全民著 . -- 南京 : 江苏凤凰美术出版社 , 2021.1

ISBN 978-7-5580-8213-9

Ⅰ . ①户… Ⅱ . ①杨… Ⅲ . ①住宅-室内装饰设计 Ⅳ . ① TU241

中国版本图书馆 CIP 数据核字 (2020) 第 272778 号

出版统筹　王林军
策划编辑　宋　君
责任编辑　王左佐
助理编辑　孙剑博
特邀编辑　宋　君
装帧设计　南　洋
责任校对　刁海裕
责任监印　唐　虎

书　　名　户型改造解剖书
著　　者　杨全民
出版发行　江苏凤凰美术出版社（南京市湖南路1号　邮编：210009）
出版社网址　http://www.jsmscbs.com.cn
总 经 销　天津凤凰空间文化传媒有限公司
总经销网址　http://www.ifengspace.cn
印　　刷　雅迪云印（天津）科技有限公司
开　　本　787mm × 1092mm　1/32
印　　张　7
版　　次　2021年1月第1版　2021年1月第1次印刷
标准书号　ISBN 978-7-5580-8213-9
定　　价　58.00元

营销部电话　025-68155790　营销部地址　南京市湖南路1号
江苏凤凰美术出版社图书凡印装错误可向承印厂调换